农民教育培训·肉牛产业兴旺

肉牛规模化
生态养殖技术

陈凤英　依夏·孟根花儿　王敬东　◎　主编

中国农业科学技术出版社

图书在版编目（CIP）数据

肉牛规模化生态养殖技术／陈凤英等主编 . —北京：中国农业
科学技术出版社，2019.9
ISBN 978-7-5116-4408-4

Ⅰ.①肉…　Ⅱ.①陈…　Ⅲ.①肉牛–饲养管理　Ⅳ.①S823.9

中国版本图书馆 CIP 数据核字（2019）第 207111 号

责任编辑	崔改泵　张诗瑶
责任校对	贾海霞

出 版 者	中国农业科学技术出版社
	北京市中关村南大街 12 号　邮编：100081
电　　话	（010）82109194（编辑室）　（010）82109702（发行部）
	（010）82109709（读者服务部）
传　　真	（010）82106650
网　　址	http://www.castp.cn
经 销 者	各地新华书店
印 刷 者	北京富泰印刷有限责任公司
开　　本	880mm×1 230mm　1/32
印　　张	5
字　　数	130 千字
版　　次	2019 年 9 月第 1 版　2019 年 9 月第 1 次印刷
定　　价	30.00 元

《肉牛规模化生态养殖技术》
编 委 会

前　言

　　肉牛业是我国农业供给侧结构性改革中重点发展的产业，也是改善和升级城乡居民膳食结构的重要产业。近年来，肉牛养殖面临越来越严格的环保要求，农业部也将畜禽环境污染治理作为"十三五"时期主抓的重点任务之一。

　　本书主要讲述了肉牛规模化生态养殖概述、适宜肉牛规模化生态养殖的主要品种、生态肉牛养殖方式与设施、肉牛生物学特点及其在生态养殖中的利用、生态肉牛的选种选育技术、生态肉牛的繁殖技术、肉牛规模化生态养殖放牧草地的利用和管理技术、肉牛规模化生态养殖的饲料配方设计技术、肉牛规模化生态养殖的饲养管理与育肥技术、肉牛规模化生态养殖中的疾病防治技术、生态健康养殖肉牛安全生产加工技术和肉牛规模化生态养殖场的经营管理等方面的内容。

　　由于编者水平所限，加之时间仓促，书中不尽如人意之处在所难免，恳切希望广大读者和同行不吝指正。

编　者

目　　录

第一章　肉牛规模化生态养殖概述

第一节　肉牛规模化生态养殖的意义

发展肉牛产业，提高草食家畜比重，不仅有利于满足人们对优质食物不断增长的需求，而且对于合理调整农业生产结构、发展农业循环经济、保障国家食物安全、保证牛肉的有效供给、促进农牧民增收都具有非常重要的现实意义。但是，随着经济的不断发展和屠宰加工技术的不断提高，小规模生产体系与现代屠宰加工体系之间的矛盾日益深化，特别是 2006 年以来，基础母牛及肉牛存栏数量逐年下降，肉牛产业的发展已经受到牛源紧缺的制约。

解决肉牛产业经济问题的重点在于实现增长方式的转变，而转变增长方式的根本途径在于提高经济效率，但是经济效率的提高不应仅仅是某一环节效率的提高，而应是产业整体运行效率提高。我国肉牛产业整体运行效率提高的主要障碍来自于组织内部及协作伙伴之间的协调，因为产业链上每个利益主体都着重关注自身利益的得失，很少从产业链整体的角度来考虑共同利益。例如，肉牛养殖户为了降低生产成本往往会忽略产品质量，屠宰加工企业为了追求更高利润而降低育肥牛采购价格，机会主义的存在导致肉牛养殖户或屠宰加工企业违约行为的产生，这些行为都与产业链整体利益发生冲突。为了实现肉牛产业链管理的最终目标，必须建立行之有效的产业链管理机制，在产业链各利益主体之间建立信任、开放的组织合作关系，以实现产业链整体利益的最大化，即提高肉牛产业链的组织效率。

第二节　肉牛规模化生态养殖的类型

我国的肉牛生产模式包括杂交改良、繁殖配种、饲草料生产加工、科学饲养管理、肉牛育肥制度和育肥技术、疾病防治和产品加工销售。我国没有专门的肉牛品种，主要是地方良种黄牛和杂交改良一般地方黄牛。我国肉牛生产模式多种多样，但基本的生产模式均为千家万户饲养繁殖带犊母牛，繁殖犊牛，培育犊牛和架子牛，母牛或杂交后代母牛不作为商品肉用，而留作种牛，继续繁殖后代，杂交后代售出或就地吊架子饲养，然后卖给肉牛育肥场进行育肥后出售。我国肉牛饲养方式大部分为散放饲养，小部分为舍饲饲养，繁殖母牛群绝大部分为散放饲养，育肥牛群中大部分为舍饲饲养。由于近年来架子牛资源紧张，价格上涨明显，繁殖母牛群的饲养方式有向半舍饲发展的趋势。

我国肉牛以自然交配为主，结合冷冻精液人工授精进行肉牛繁殖。在杂交改良中，一般用国外肉用牛品种、兼用牛品种和我国地方良种黄牛作父本，地方良种黄牛和地方黄牛作母本进行改良，以期利用我国地方良种的一系列优点，如饲养成本较低、极少难产、繁殖年限长且温顺、肉质鲜嫩、风味绵长丰厚等优点。

生产组织一般在广大农区或农牧交错带，有较好肉牛养殖基础和大的养殖区域，广大农牧民养牛积极性高，以一个或多个带动能力强的肉牛育肥企业或集贸市场为龙头，建立稳固的肉牛养殖基地，进行生态养殖生产。在大农区与牧区之间采用肉牛异地育肥，在牧区和山区有较充裕的饲料资源且肉牛养殖基础好，广大农牧民养牛积极性高，发展架子牛生产；在有先进的饲养管理技术、交通便利、宜于销售的地区，建立大规模的育肥场，从架子牛基地购置架子牛进行集中育肥销售，这种模式在我国较为普遍。

第二章　适宜肉牛规模化生态养殖的主要品种

第一节　我国引入的主要肉牛品种

一、夏洛来牛

夏洛来牛是大型肉牛品种，原产于法国的夏洛来省和涅夫勒地区，以生长快、肉量多、体型大、耐粗放的优点而受到国际市场的广泛欢迎，在许多国家均有饲养。

1. 外貌特征　该牛最显著的特点是被毛由白色到乳白色。体躯高大，全身肌肉发达。骨骼结实，四肢强壮；头小而宽，角小色黄，颈短粗，胸宽深，肋骨方圆，背宽肉厚。体躯呈圆筒状，肌肉丰满，后臀肌肉发达，并向后面和侧面突出。成年夏洛来牛体高 142 厘米，体长 180 厘米，胸围 244 厘米；成年体重：公牛 1 100～1 200 千克，母牛 700～800 千克。

2. 生产性能　夏洛来牛的生产性能最显著特点是：生长速度快，瘦肉产量高。在良好的饲养条件下，6 月龄体重：公犊牛 234 千克、母犊牛 210 千克。平均日增重：公犊牛 1 000～1 200 克、母犊牛 1 000 克。12 月龄体重：公牛 525 千克，母牛 360 千克。屠宰率 65%～70%，胴体瘦肉率 80%～85%。

3. 利用　自引进我国以来，以夏洛来牛为父本对当地黄牛进行杂交改良，杂种一代表现父系品种特色，毛色多为乳白色或干草黄色，肌肉丰满，耐粗饲，易于饲养管理。夏洛来牛杂交后代生长速度快、瘦肉率和屠宰率高。其不足之处是犊牛初生重较大，平均在 40 千克以上，难产率相对较高。

二、利木赞牛

利木赞牛为大型肉用牛品种，原产于法国的利木赞高原，并因此而得名。在法国其数量仅次于夏洛来牛，现在世界上许多国家都有该牛分布。我国数次从法国引入利木赞牛，在山西、河南、山东、内蒙古①等地改良当地黄牛。

1. 外貌特征　利木赞牛毛色多为红色或黄色，口、鼻、眼等自然孔周围、四肢内侧及尾帚毛色较浅，角细、呈白色，蹄为红褐色。头短额宽，胸部宽深，体躯较长，后躯肌肉丰满，四肢粗短。成年体高：公牛 140 厘米、母牛 131 厘米；成年体重：公牛 1 200～1 500 千克、母牛 600～800 千克。

2. 生产性能　利木赞牛产肉性能好，眼肌面积大，前后肢肌肉丰满，出肉率高，在肉牛市场上很有竞争力。集约饲养条件下，犊牛断乳后生长很快，10 月龄体重即达 408 千克，12 月龄体重可达 480 千克左右，哺乳期平均日增重 0.86～1.0 千克；因该牛在幼龄期，8 月龄小牛就可生产出具有大理石纹的牛肉，因此，是法国等一些欧洲国家生产牛肉的主要品种。利木赞牛屠宰率为 63%～70%，瘦肉率可达 80%～85%。肉品质好，细嫩味美，脂肪少，瘦肉多。

3. 利用　自 1974 年以来，我国数次从法国引入利木赞牛，用于改良当地黄牛。利木赞杂交后代体型改善，肉用特征明显，生长强度增大，杂种优势明显。目前，山东、黑龙江、安徽为主要供种区。全国现有利木赞改良牛约 45 万头。

---

①　内蒙古自治区的简称，全书同。

三、海福特牛

海福特牛为中小型早熟肉牛品种，原产于英国英格兰西部的海福特县。现在分布于世界许多国家，我国 1974 年首批从英国引进海福特牛。

1. 外貌特征　海福特牛除头、颈垂、腹下、四肢下部和尾端为白色外，其他部分均为红棕色，皮肤为橙红色。体躯宽大，前胸发达，全身肌肉丰满。头短，额宽，颈短粗，颈垂及前后躯发达，背腰平直而宽，肋骨张开，四肢端正而短，躯干呈圆筒形，具有典型的肉用牛的长方形体型。分有角和无角两个系群。成年公牛体高 134.4 厘米，体长 196.3 厘米，胸围211.6 厘米，体重 850～1 100 千克；成年母牛体高 126 厘米，体长 152.9 厘米，胸围 192.2 厘米，体重 600～700 千克。

2. 生产性能　犊牛初生重：公牛 34 千克，母牛 32 千克；12 月龄体重达 400 千克，平均日增重 1 千克以上。屠宰率60%～63%，经育肥后可达 67%～70%。肉质细嫩，肌纤维间沉积脂肪丰富，肉呈大理石状。

3. 利用　用海福特牛改良本地黄牛，改良牛生长良好，早熟性和牛肉品质提高。

四、安格斯牛

安格斯牛属中小型早熟肉牛品种，原产于英国的阿伯丁和安格斯等地，外貌特征是黑色无角，体躯矮而结实，肉质好，出肉率高。也有纯红色的安格斯牛。目前世界大多数国家都有该品种牛。

1. 外貌特征　安格斯牛以被毛黑色和无角为其重要特征，故也称为无角黑牛。育种专家在安格斯牛群中培育出了红色安格斯牛。该牛体格低矮，体质紧凑、结实，头小而方，额宽，体躯宽深、呈圆筒形，四肢短而直，前后档较宽，全身肌肉丰满，具有现代肉牛的典型长方形体型。成年体重：公牛 700~900 千克、母牛 500~600 千克，犊牛初生重 25~32 千克；成年体高：公牛 130.8 厘米、母牛 118.9 厘米。

2. 生产性能　安格斯牛具有良好的肉用性能，被认为是世界上专门化肉牛品种中的典型品种之一。早熟，胴体品质好，出肉多，肌肉大理石纹好。屠宰率 60%~65%，哺乳期日增重 900~1 000 克，育肥期日增重（1.5 岁以内）1 400~1 800克。

3. 利用　安格斯牛杂种优势明显，其后代抗逆性强，耐粗饲，对严酷气候的耐受力强，早熟，肉质上乘。

五、西门塔尔牛

西门塔尔牛属肉、乳兼用型牛，原产于瑞士。西门塔尔牛在引进我国后，对我国各地的黄牛改良效果非常明显，杂种一代的生产性能一般提高 30% 以上，因此很受欢迎。

1. 外貌特征　西门塔尔牛毛色为黄白花或淡红白花，头、胸、腹下、四肢及尾帚多为白色，皮肤为粉红色，头长面宽；角较细，向外上方弯曲，尖端稍向上。颈长中等；体躯长，呈圆筒状，肌肉丰满；后躯较前躯发育好，胸深，尻宽平，四肢结实，大腿肌肉发达；额与颈上有卷曲毛。乳房发育好，乳头粗大，乳房静脉发育良好，有乳用牛特征。成年体重：公牛 1 000~1 200 千克，母牛 650~800 千克；成年体高：母牛134~142 厘米，公牛 142~150 厘米；犊牛初生重 30~45 千克。

2. 生产性能　西门塔尔牛乳、肉用性能均较好，平均产奶量为 4 000 千克以上，乳脂率 4.0%。该牛生长速度较快，12 月龄以内平均日增重可达 1.32 千克，生长速度与其他大型肉用品种相近。12~14 月龄牛体重可达 540 千克以上，胴体肉多，脂肪少而分布均匀，公牛育肥后屠宰率可达 65% 左右。成年母牛难产率低，适应性强，耐粗放管理。

3. 利用　西门塔尔牛是我国改良本地黄牛范围最广、数量最大，杂交最成功的牛种。西门塔尔牛杂交后代生长速度快，2~3 个月的短期育肥一般平均日增重 1 134~1 247 克，16 月龄屠宰时，屠宰率达 55% 以上；育肥牛屠宰率达 60%~65%。一代杂种母牛可为下一轮杂交提供很好的繁殖用母牛，产乳量高，保母性强。

六、皮埃蒙特牛

皮埃蒙特牛原产于意大利北部波河平原的皮埃蒙特地区的都灵、米兰、克里英等地，属于温和的中欧型大陆气候，夏季热，冬季寒冷。皮埃蒙特牛目前正向世界各地传播。我国于1986 年引进冻精细管和冻胚，现多分布于北方。

1. 外貌特征　皮埃蒙特牛属中型肉牛，是瘤牛的变种。颈短粗，上部呈方形，复背复腰，腹部上收，体躯较长呈圆筒形，全身肌肉丰满，臀部肌肉凸出，双臀。公牛皮肤呈灰色或浅红色，眼睑、眼圈、颈、肩、四肢、身体侧面和后腿侧面有黑色素；母牛呈白色或浅红色，也有暗灰色或暗红色。犊牛被毛为乳黄色，以后逐渐变为灰白色。角在 20 月龄变黑，成年后基部 1/3 呈浅黄色。鼻镜、唇、尾尖、蹄等处呈黑色。成年公牛体高 140~150 厘米，体重 800~1 000 千克；成年母牛体高 130 厘米，体重 500~600 千克；犊牛初生重：公牛 42 千克，母牛 40 千克。

2. 生产性能　早期增重快，皮下脂肪少，屠宰率和瘦肉率高，饲料报酬高，肉嫩、色红。0~4 月龄日增重 1.3~1.4 千克，周岁体重达 400~500 千克。屠宰率 65%~72.8%，净肉率 66.2%，胴体瘦肉率 84.1%，骨 13.6%，脂肪 1.5%，平均每增重 1 千克耗精料 3.1~3.5 千克。皮埃蒙特牛不仅肉用性能好，且抗体外寄生虫，耐体内寄生虫，耐热，皮张质量好。

3. 利用　皮埃蒙特牛与我国黄牛杂交效果较好，用其作父本与南阳牛杂交，杂种一代犊牛的初生重比本地牛高 25% 左右。成年牛身腰加长，后臀丰满，后期生长发育明显高于其他品种，并保持了中国黄牛肉多汁、嫩度好、口感好、风味可口的特点。

七、短角牛

短角牛原产于英格兰的诺桑伯、德拉姆、约克和林肯等郡。该品种牛是由当地土种长角牛经改良而来，角较短小。1950 年，随着世界奶牛业的发展，短角牛中一部分向乳用方向选育，于是逐渐形成了近代短角牛的两种类型：即肉用型短角牛和乳肉兼用型短角牛。

1. 外貌特征　肉用短角牛被毛以红色为主，有白色和红白交杂的个体，部分个体腹下或乳房部有白斑，鼻镜粉红色，眼圈色淡。皮肤细致柔软。该牛体型为典型肉用牛体型，侧望体躯呈矩形，背部宽平，背腰平直，尻部宽广、丰满，股部宽而多肉。体躯各部位结合良好，头短，额宽平。角短细，向下稍弯，呈蜡黄色或白色，角尖部黑色。颈部被毛较长且多卷曲，额顶部有丛生毛。成年体重：公牛 900~1 200 千克，母牛 600~700 千克；成年体高：公牛 136 厘米和母牛 128 厘米。兼用型短角牛基本上与肉用短角牛一致，不同的是其乳用特征较为明显，乳房发达，后躯较好，整个体格较大。

2. 生产性能　肉用短角牛早熟性好，肉用性能突出，利用粗饲料能力强，增重快，产肉多，肉质细嫩。17 月龄活重可达 500 千克，屠宰率 65% 以上。

3. 利用　短角牛是世界上分布很广的品种。我国曾多次引入，在东北、内蒙古等地改良当地黄牛，普遍反映杂种牛毛色紫红，体型改善、体格加大、产乳量提高，杂种优势明显。我国育成的乳肉兼用型新品种——草原红牛，就是用乳用短角牛同吉林、河北和内蒙古等地的 7 种黄牛杂交选育形成的。其乳肉性能都取得全面提高，表现出了很好的杂交改良效果。

八、德国黄牛

德国黄牛原产于德国拜恩州的维尔次堡、纽伦堡、班贝格等地及奥地利毗邻地区，其中德国数量最多，系瑞士褐牛与当地黄牛杂交选育而成。在美洲和欧洲享有较高声誉，为肉乳兼用型品种，但侧重于肉用。

1. 外貌特征　德国黄牛与西门塔尔牛血缘相近，体型似西门塔尔牛。毛色呈浅红色，体躯长，体格大，胸深，背直，四肢短而有力，肌肉强健。母牛乳房大，附着结实。

2. 生产性能　成年体重：公牛 900～1 200 千克，母牛600～700 千克；屠宰率 62%，净肉率 56%。犊牛初生重平均为 42 千克。小牛易肥育，肉质好，屠宰率高。去势小公牛育肥至 18 月龄时体重达 500～600 千克。

3. 利用　我国河南省于 1997 年引进该品种进行杂交改良，效果较好。

九、比利时蓝白花牛

比利时蓝白花牛原产于比利时王国的南部，多分布在靠近法国一带。

1. 外貌特征　被毛呈蓝白花片。体躯强壮，背直，肋圆，全身肌肉极度发达，臀部丰满，后腿肌肉突出。温驯易养。公牛角向外略向前弯。成年体重：公牛 1 100～1 300 千克、母牛700～850 千克，肉用性状表现为肌肉宽厚的尻部和向后延伸宽厚的后大腿，这是其他肉用牛很少有的。

2. 生产性能　公牛育肥到 13 月龄的体重达 571 千克，体高 123 厘米，7~13 月龄日增重为 1.57 千克。屠宰率在 70% 以上。经过育肥的比利时蓝白牛，胴体中各种特级肉的比例高、可食部分比例大，优等者胴体中肌肉 70%、脂肪 13.5%、骨 16.5%。胴体一级切块率高，即使前腿肉也能形成较多的一级切块。肌纤维细，肉质嫩，肉质完全符合国际市场的要求。

3. 利用　比利时蓝白牛是欧洲黑白花牛的一个分支，是该血统牛中唯一育成的肉用专门品种。我国在 1996 年后引进，作为肉牛配套系的父系品种。

十、日本和牛

日本和牛产于日本，是日本分布最广、数量最多的肉牛品种。

1. 外貌特征　日本和牛属于中型偏大的肉牛品种。被毛以黑色为主，毛尖呈黑褐色，但也有褐色被毛，一般和牛分为褐色和牛和黑色和牛两种。根据角的有无分为无角和有角两个类型，无角和牛是用安格斯牛改良当地土种牛育成的，有角和牛由当地牛选育而成。

日本和牛前躯和中躯发育良好，后躯发育差，四肢强健，蹄质坚实，皮薄而富弹性，被毛柔软。成年公牛体高 142~149 厘米，体重 920~1 000 千克；成年母牛体高 125~128 厘米，体重 510~610 千克。

2. 生产性能　和牛生长发育速度快，公牛 9 月龄去势进行育肥，18~20 月龄体重可达 650~750 千克，屠宰率 65%。肉品质好，日本和牛肉在日本的市场价最高。

第二节　我国本土特色黄牛品种

一、秦川牛

秦川牛是我国五大地方良种黄牛之一，产于陕西省渭河流域的关中平原地区。关中系粮棉等作物主产区，土地肥沃，饲草丰富，农作物种类多，农民喂牛经验丰富。在群众长期选择体格高大、役用力强、性情温驯的牛只作种用的条件下，加上历代广种苜蓿等饲料作物，形成了良好的基础牛群。以咸阳、兴平、乾县、武功、礼泉、扶风和渭南等地的秦川牛最为著名，量多质优。

1. 外貌特征　秦川牛毛色有紫红、红、黄三种，以暗红色和棕红色者居多。角短而钝，多向外下方或向后稍微弯曲。体格高大，骨骼粗壮，肌肉丰满，体质强健。头部方正，肩长而斜，胸宽深，肋长而开张，背腰平而宽广，荐部隆起，前躯较后躯发育好，四肢粗壮结实，两前肢相距较宽。公牛头较大，颈粗短，垂皮发达。母牛头清秀，颈厚薄适中。成年公牛体重600~700千克，体高141厘米；成年母牛体重400~500千克，体高124厘米。

2. 生产性能　生长速度快，瘦肉产量高。在良好的饲养条件下，6月龄体重：公犊250千克，母犊210千克。日增重可达1400克。在良好饲养条件下公牛周岁可达500千克。秦川牛皮厚、韧性和弹力大，是很好的皮张原料。

3. 利用　秦川牛曾被输至浙江、安徽等21个省（自治区、直辖市），用以改良当地黄牛，杂交效果良好。表现为杂种后代体格明显加大，增长速度加快，杂种优势明显。

二、晋南牛

晋南牛是我国五大地方良种黄牛之一，产于山西省西南部汾河下游晋南盆地的万荣、河津、临猗、永济、运城、夏县、闻喜、苗城、新绛，以及临汾地区的侯马、曲沃、襄汾等县、市。当地农作物以棉花、小麦为主，其次为豌豆、大麦、谷子、玉米、高粱、花生和薯类等，素有山西粮仓之称。当地习惯种植苜蓿、豌豆等豆科作物，与棉、麦倒茬轮作，使土壤肥力得以维持。天然草场主要分布在盆地周围的山区丘陵地和汾河、黄河的河滩地带，给食草家畜提供了大量优质的饲料和饲草及放牧地。

1. 外貌特征　晋南牛体躯高大结实，具有役用牛的体型外貌特征。毛色以枣红色为主，鼻唇镜粉红色，蹄趾亦多呈粉红色。公牛头中等长，额宽，顺风角，颈较粗而短，垂皮比较发达，前胸宽阔，肩峰不明显，臀端较窄，蹄大而圆，质地致密。成年公牛体重 600~750 千克，体高 139 厘米；成年母牛体重 450~550 千克，体高 125 厘米。

2. 生产性能　晋南牛是一个古老的地方良种，体型高大粗壮，肌肉发达，前躯和中躯发育良好，耐热、耐苦、耐劳、耐粗饲，具有良好的役用和肉用性能。在生长发育晚期进行育肥时，饲料利用率和屠宰成绩较好，是向专门化肉用方向选育的地方品种之一。成年牛育肥后屠宰率达 52.3%，强度育肥牛可达 60% 以上。

3. 利用　晋南牛曾输往四川、云南、陕西、甘肃、江苏、安徽等地，进行黄牛改良，效果良好。

三、南阳牛

南阳牛是我国五大良种黄牛之一，产于河南省南阳市唐河、白河流域的广大平原地区，以南阳市郊区、唐河、邓州、新野、镇平、社旗、方城等八个县、市为主要产区。南阳牛特征是体躯高大，力强持久；肉质细，香味浓，大理石花纹明显；皮质优良。

1. 外貌特征　体格高大，肌肉发达，结构紧凑，皮薄毛细。鬐甲部较高，公牛鬐甲向上隆起 8~9 厘米，肩胛斜长，前躯比较发达。母牛头清秀，较窄长，颈薄、呈水平状、长短适中，一般中后躯发育较好。南阳黄牛的毛色有黄、红、草白三种，以深浅不等的黄色为最多。成年公牛体重 647 千克，体高 145 厘米；成年母牛体重 512 千克，体高 126 厘米。

2. 生产性能　公牛育肥期平均日增重 813 克，1.5 岁体重可达 440 千克以上，屠宰率 55.6%。3~5 岁阉割牛经强度育肥，屠宰率可达 64.5%。

3. 利用　南阳黄牛在我国的很多省区被大量用于改良当地黄牛，曾向全国 22 个省、市、自治区提供种牛，杂交效果良好。

四、鲁西牛

鲁西牛是我国五大良种黄牛之一，原产于山东省西南地区，分布于菏泽地区的郓城、鄄城、菏泽、巨野、梁山和济宁地区的嘉祥、金乡、济宁、汶上等县、市。聊城、泰安以及山东的东北部也有分布。

1. 外貌特征　被毛从浅黄到棕红色，以黄色为最多。多数牛的眼圈、口轮、腹下和四肢内侧毛色浅淡。鼻唇镜多为淡肉色。体型大，前躯发达，垂皮大，肌肉丰满，四肢开阔，蹄圆质坚。成年体重：公牛 600 千克以上，母牛 500 千克以上。性温驯，易育肥，肉质良好。成年公牛体高（146.3±6.9）厘米，体长（160.9±6.9）厘米，胸围（206.4±13.2）厘米，体重（644.4±108.5）千克，成年母牛体高（123.6±5.6）厘米，体长（138.2±8.9）厘米，胸围（168.0±10.2）厘米，体重（365.7±62.2）千克。鲁西牛体躯结构匀称，细致紧凑，具有较好的役肉兼用体型。公牛多平角或龙门角；母牛角形多样，以龙门角较多。垂皮较发达。公牛肩峰高而宽厚，但后躯发育较差，体躯呈明显的前高后低的体型。母牛鬐甲较低平，后躯发育较好，背腰较短而平直。

2. 生产性能　鲁西牛产肉性能良好。皮薄骨细，产肉率较高，肌纤维细，脂肪分布均匀，呈明显的大理石状花纹。对1~1.5岁牛进行育肥，平均日增重610克。18月龄的阉割牛平均屠宰率57.2%。

五、延边牛

延边牛是我国五大良种黄牛之一，产于东三省的东部，分布于吉林省延边朝鲜族自治区的延吉、和龙、汪清、珲春及毗邻各县；黑龙江省的宁安、海林、东宁、林口、汤元、桦南、桦川、依兰、勃利、五常、尚志、延寿、通河，辽宁省宽甸县及沿鸭绿江一带。延边牛体质结实，抗寒性能良好，耐寒、耐粗饲，耐劳，抗病力强。

1. 外貌特征　延边牛属役肉兼用品种。胸部深宽，骨骼坚实，被毛长而密，皮厚而有弹力。公牛额宽，头方正，角基粗大，多向后方伸展，呈一字形或倒八字角。颈厚而隆起，肌肉发达。母牛头大小适中，角细而长，多为龙门角。毛色多呈浓淡不同的黄色，鼻唇镜一般呈淡褐色，带有黑点。成年公牛体重500千克，体高131厘米；成年母牛体重400千克，体高122厘米。

2. 生产性能　延边牛自18月龄育肥6个月，日增重为813克，屠宰率57.7%，肉质柔嫩多汁，鲜美适口，大理石纹明显。

第三节 我国培育的主要肉牛品种

一、三河牛

1. 原产地及其分布 三河牛原产于内蒙古自治区呼伦贝尔草原的三河（根河、得勒布尔河、哈布尔河）地区，并因此而得名。三河牛是我国培育的第一个乳肉兼用型品种，含西门塔尔牛、雅罗斯拉夫牛等的血统。1954 年开始进行系统选育，1976 年牛群质量得到显著提高，1982 年制订了品种标准。近年来三河牛已被引入其他省份，也曾输入蒙古国等国。

2. 外貌特征 被毛为界限分明的红白花片，头白色或有白斑，腹下、尾尖及四肢下部为白色；有角，角向上前方弯曲。体格较大，骨骼粗壮，结构匀称，肌肉发达，性情较温顺。

3. 生产性能 三河牛平均年产乳量为 1 000 千克左右，在较好的饲养管理条件下可达 4 000 千克，三河牛产肉性能良好，初生重：公牛 35.8 千克，母牛 31.2 千克；6 月龄体重：公牛 178.9 千克，母牛 169.2 千克。未经育肥的阉割牛屠宰率一般为 50%～55%，净肉率为 44%～48%，而且肉质良好，瘦肉率高。

三河牛耐粗放管理，抗寒能力强。但由于群体中个体间差异较大，无论在外貌或是生产性能上，表现均很不一致，如毛色不够整齐，后躯发育较差，有待于进一步改良提高。

二、中国草原红牛

1. 原产地及其分布 草原红牛是由吉林省白城地区，内蒙古赤峰市、锡林郭勒盟南部县和河北省张家口地区联合育成的一个兼用型新品种，1988 年正式命名为"中国草原红牛"，并制定了国家标准。目前产区有 30 多万头。

2. 外貌特征　草原红牛大部分有角，且角大多伸向外前方，呈倒八字形，略向内弯曲；全身被毛紫红或深红色，部分牛腹下、乳房部有白斑；鼻镜、眼圈粉红色，体格中等大小。

3. 生产性能　草原红牛在以放牧为主条件下，第一胎平均产乳量为 1 127.4 千克，以后每胎则为 1 500~2 500 千克，泌乳期为 210 天左右，乳脂率为 4.03%；经短期育肥，屠宰率可达 50.8%~58.2%，净肉率为 41.0%~49.5%。

草原红牛适应性强，耐粗放管理，对严寒酷热的草场条件耐力强，发病率很低。草原红牛繁殖性能良好，繁殖成活率为 68.5%~84.7%。

三、新疆褐牛

1. 原产地及其分布　新疆褐牛原产于新疆伊犁、塔城等地区。由瑞士褐牛及含有瑞士褐牛血统的阿拉塔乌牛与新疆当地黄牛杂交育成。

2. 外貌特征　新疆褐牛为被毛深浅不一的褐色，额顶、角基、口轮周围及背线为灰白色或黄白色。体躯健壮，肌肉丰满。头清秀，嘴宽，角中等大小，向侧前上方弯曲，呈半椭圆形；颈长适中，胸较宽深，背腰平直。

3. 生产性能　新疆褐牛平均产乳量 2 100~3 500 千克，最高可达 5 162 千克，乳脂率为 4.03%~4.08%。产肉性能在天然草场放牧的条件下，于 9—11 月测定，1.5 岁、2.5 岁和阉割牛的屠宰率分别为 47.4%、50.5% 和 53.1%，净肉率分别为 36.3%、38.4% 和 39.3%。

新疆褐牛适应性好，可在极端温度 -40℃ 和 47.5℃ 下放牧，抗病力强。但还存在体躯较小、胸窄、尻部尖斜、乳房发育较差等不足。

第三章 生态肉牛养殖方式与设施

第一节 生态肉牛养殖方式

选择肉牛的饲养方式是根据规模条件因地而宜。主要有以下三种方式：圈养方式，半圈养饲养方式，放牧饲养方式。

在高寒山区进行肉牛养殖适应于放牧饲养，利用天然草场，草山，草坡放牧饲养，不喂料或少喂料，降低饲养成本，节省人工。放牧具有一定的时间性，一般始于春季，止于秋季。放牧饲养的方法主要有固定放牧和轮牧。

一、固定放牧

这是一种最粗的饲养的饲养方式，春季将牛群赶往放牧场，一直到秋季。在放牧场里进行固定放牧必须做到以下几点：

首先，必须保持牧草的健康及供给必须在春季进行牧草种植。

其次，进行牧场规划，循环交换放牧；多块牧场结合使草场得到合理利用。

再次，对牛群进行分群放牧使牛群可以达到饱和促进生长。

最后，做到全进全出，保障盈利后资金的周转。

固定放牧应注意每块草场必须防止过度践踏，随时监控并恢复草场。

二、轮流放牧

先将草场规划为放牧区和割草区，再将放牧草场划为小区，然后依小区的数目和放养持续时间在各小区轮流放牧。轮放周期根据牛群采食后牧草恢复到应有高度的时间确定。一年可以轮牧 2~4 次。应根据草场类型、气候、管理条件不同而作相应变化。

其优点是可以使草场得到好的休息，减少践踏，增加牧草恢复生长的机会。较均匀地提供质量好的牧草、提高牧场的利用率，是合理利用草场、提高载畜量的较科学的牧养方式。

第二节　生态肉牛养殖场的选址与布局

一、肉牛场场址选择

肉牛场是集中饲养肉牛的场所，是肉牛生活的小环境，也是肉牛的生产场所和生产无公害肉牛的基础，健康肉牛群的培育依赖于防疫设备和措施完善的肉牛场。建场用地必须符合相关法律法规与区域内土地使用以及新农村建设规划，场址选择不得位于《中华人民共和国畜牧法》（2015 年）以及相关条例明令禁止的区域。

（一）原则

在进行肉牛场场址选择时，应坚持效益优先的原则，即追求经济效益、生态效益和社会效益的最大化。在选址时应遵循以下原则：符合肉牛的生物学特性和生理特点；有利于保持肉牛健康，能充分发挥其生产潜力；最大限度地发挥当地资源和人力优势；有利于环境保护；能够保障安全环境。

（二）依据

肉牛场的建立必须从场址选择就为肉牛生产创造一个良好的环境，保证场区具有良好的小气候条件，有利于肉牛舍内空气环境的控制。肉牛场应选在文化、商业区及居民点的下风处；但要避开其他污水排出口，不能位于化工厂、屠宰场、制革厂等易造成环境污染的企业的下风处或附近。

（三）地理位置与交通条件

肉牛场应选择在居民点的下风向，距离居民集中生活区1 000米以上，其海拔不得高于居民点。为避免居民区与肉牛场的相互干扰，可在两地之间建立树林隔离区。

便利的交通是肉牛场对外进行物质交流的必要条件，但距公路、铁路、飞机跑道过近时，交通工具产生的噪声会影响肉牛的休息与消化，人流、物流频繁过往也易传染疾病，所以肉牛场应距主要交通干线500米以上，以便于防疫。

（四）地形、地势与土质

地形、地势指地面高低起伏的状况。场地应选择地势较高、干燥、避风、阳光充足的地方，利于肉牛生长发育，防止疾病的发生。与河岸保持一定距离，特别是在水流较快的溪流旁建场时更要注意。一般要高于河岸，最低应高出当地历史洪水线以上。其地下水位应在2米以下，这样的地势可以避免雨季洪水的威胁，减少土壤毛细管水上升造成的地面潮湿。要向阳背风，以保证场区小气候温热状况相对稳定，减少冬春季风雪的侵袭，特别是要避开西北方向的风口和长形谷地。肉牛场的地面要平坦稍有坡度，以便排水，防止积水和泥泞。总坡度应与水流方向相同。场区占地面积可根据饲养规模、管理方式、饲料贮存和加工等来确定。要求布局紧凑，地形应开阔整齐，尽量少占耕地，并留有发展余地。肉牛场土质应坚实，抗压性和透水性强，无污染，以沙壤土为好。

（五）水源的选择

肉牛场要求水量充足，能满足肉牛场内人、牛饮用和其他生产、生活用水，并应考虑防火、灌溉和未来发展的需要。肉牛场的需水量可按成年牛当量计算，每头成年肉牛每日耗水量45~60千克。①水质良好，以不经处理即能符合饮用水标准的水源最为理想；②便于防护，以保证水源水质经常处于良好状态，不受周围环境的污染；③取用方便，设备投资少，处理技术简便易行。可供肉牛场选择的水源有三类，即地表水、地下水和雨水。江、河、湖、水库等为地表水。地下水最为理想，地表水次之，雨水易被污染，最好不用。

（六）饲草、饲料来源

饲草、饲料的来源，尤其粗饲料，决定着肉牛场的规模。一般应考虑5千米半径内的饲草、饲料资源，距离太远，会加大运输费用，影响经营效益。

（七）饲养规模

肉牛场规模大，有利于饲牧人员合理分工和专业化生产，提高劳动效率，有利于新技术的推广应用，可以获得较大经济效益。但饲养规模还受饲草资源、场区占地面积、粪污处理条件以及投入资本等限制，故应因地制宜。

二、肉牛场布局

（一）肉牛场布局原则

肉牛场的布局应本着因地制宜和科学管理的原则，以整齐、紧凑、提高土地利用率和节约基建投资，经济耐用；有利于生产管理、机械化作业和便于防疫、安全生产为目标。做到各类建筑合理布置，符合发展远景规划；符合肉牛的饲养、管理技术要求；场内交通便利，便于草料运送、满足机械化操作要求，并遵守卫生和防火要求。

（二）肉牛场的总体分区规划

肉牛场的布局是否合理应从卫生防疫、方便生产，粪尿及废弃物处置，以及有利于饲牧人员休息和健康等方面来衡量。具有一定规模的肉牛场，通常分为五个功能区：即职工生活区、管理区、生产区和病牛隔离区和粪污处理区。在进行场地规划时，应充分考虑未来的发展，在规划时应留有余地，对生产区的规划更应注意。各区的位置要从卫生防疫和工作方便的角度考虑，并根据场地的地形地貌和当地全年主风向进行规划。

1. 职工生活区　应建在场区的上风向和地势较高的地段，依次为生产管理区、饲养生产区、病牛隔离区和粪污处理区。这样配置使肉牛场产生的不良气味、噪声、粪尿和污水，不致因风向与地面泾流而污染职工生活环境，并可避免人和肉牛共患疫病的相互影响。

2. 生产管理区　是肉牛场从事经营管理活动的功能区，与社会环境具有极为密切的联系，包括行政和技术办公室、饲料加工车间及料库、车库、杂品库、配电室、水塔、宿舍、食堂等。此区位置的确定，除考虑风向、地势外，还应考虑将其设在与外界联系方便的位置。

3. 饲养生产区　是肉牛场的核心区，是从事肉牛养殖的主要场所，包括肉牛舍、饲料调制和贮存的建筑物。在规划这个区的位置时，应有效利用原有道路，充分考虑饲料和生产资料供应、产品销售等，此区应设在肉牛场的中心地带。产供销的运输与社会联系频繁，为了防止疫病传播，场外运输车辆严禁进入生产区。除饲草料以外，其他仓库也应设在管理区。管理区与生产区应加以隔离，外来人员只能在管理区活动，不得进入生产区，应通过规划布局并采用相应的措施加以保证。

4. 隔离区　包括兽医诊疗室、病畜隔离舍等，应设在场区的下风向和地势较低处。该区应尽可能与外界隔绝，四周应有隔离屏障，如防疫沟、围墙、栅栏或浓密的乔灌木混合林带，并设单独的通道和出入口。此外，在规划时还应考虑严格控制该区的污水和废弃物，防止疫病蔓延和污染环境。

5. 粪污处理区　现代化肉牛场，必须设立粪污处理区。可设在场区下风向的地势低凹处，与生产牛舍保持 50 米以上的间距。根据情况，也可在场区外独立设置。粪污处理场要做到"三防"，即防溢流、防渗漏、防雨淋。规模肉牛场在粪污处理区可建沼气生产线，实现粪污的再利用。

第三节　生态肉牛养殖舍的建造

一、肉牛舍建筑设计原则

修建肉牛舍要注意做到冬季防寒保暖，夏季防暑降温。要求墙壁、棚顶等结构导热性小，耐热，防潮。牛舍要求有一定数量和合适大小的窗户，保证有一定量的光线射入。牛舍应饮水供应充足，冲洗消毒污水、粪尿容易排净，舍内清洁卫生，空气新鲜流通。

二、肉牛舍类型

1. 封闭式牛舍　封闭式牛舍分单列式和双列式，规模场应采用双列式或多列式，颈枷限位、就地饲槽饲养。

（1）单列式牛舍。舍内仅有一排牛床，特点是牛舍跨度小，容易建筑，适于小型牛场或放牧牛群的晚间补饲等。

（2）双列式牛舍。舍内设两排牛床，一般 100 头左右建一幢牛舍。又分对头式和对尾式饲养两类，对尾式中间为清粪道，两边各有一条饲喂通道；对头式即中间为饲喂通道，两边各有一条清粪通道。肉牛舍多采用对头式。

2. 半开放式牛舍　半开放式牛舍三面有墙，有顶棚；向阳一面敞开或有半截墙，春、夏、秋季敞开，有利于空气流通和防暑降温。寒冷地区冬季可将露天部分用塑料薄膜覆盖，形成全封闭式。

3. 开放式牛舍　这种牛舍四周无墙，只有顶棚，通风好，但不利于冬季保暖，适合于冬季较暖的南方地区饲养肉牛。

4. 散栏饲养牛舍　即建筑大跨度牛舍，在舍内设立若干个散栏，牛在散栏内自由活动、自由采食、自由饮水。适用于规模养殖场。

三、家庭牧场建设

家庭牧场仍然是我国肉牛养殖业的重要组成。家庭牧场即以家庭成员为主要员工，经营者既是投资主体，又是主要劳动者的中小型牧场。养殖规模较小，建筑布局可适当集中，可一舍多用，在舍内分区饲养。

第四节　生态肉牛养殖的配套设施

一、舍内设施

1. 食槽与颈枷　为适应机械化作业，肉牛饲槽多建成就地式，即饲槽底部略高于牛床，饲槽的外沿即为中央通道（饲喂通道）。槽道光滑无死角，便于机械投喂和清扫消毒。通常槽深 10~20 厘米、宽 30~40 厘米。采用颈枷限位取代传统的栓系架，可使牛低头吃草、仰头休息随意自如。左右栏杆起到限位作用，减免对旁边牛采食的影响。颈枷限位、就地饲槽与传统的高位饲槽栓系饲养设施相比，不仅有利于牛的自由采食，同时可降低栓系和清槽作业的劳动强度，特别是道槽一体，便于机械化作业和有效利用舍内空间，降低建筑成本。

2. 饮水设施　水是牛必需的营养物质。牛的饮水量与干物质进食量呈正相关。肉牛场必须根据饲养规模设立相应的饮水槽，供给牛足够的清洁饮水。现代化肉牛场，为保证全天候、无限量、随时为牛提供新鲜、清洁的饮水，又要省工省时、节约水资源，多在栏舍内或运动场安装自动恒温饮水器。

3. 清粪设施　现代肉牛场为节省人工，降低劳动强度，可安装自动刮粪设施，使肉牛粪便从牛舍到粪污处理区完全机械化作业。

4. 肉牛体表刷拭器　现代肉牛生产讲究动物福利，要求经常刷梳牛体，保持牛体表清洁卫生。规模养殖牛群体较大，传统的人工梳刮劳动量太大，因而设计出了牛体自动刷拭器，安装在运动场或散栏舍内，通过电子控制，牛体接触后便自动旋转，通过万向节的功能，可刷拭到牛体的各部位。牛体刷拭器又称牛用梳毛机。

二、舍外设施

1. 消毒池　一般在牛场或生产区入口处，便于人员和车辆通过时消毒。消毒池常用钢筋水泥浇筑，供车辆通行的消毒池长 4 米、深 0.1 米，其宽度最好与门相同，使之成为进出生产区的必经之路。供人员通行的消毒池长 2.5 米、宽 1.5 米、深 0.05 米。消毒液应维持有效。人员往来必经的通道两侧可设紫外线消毒，而走道地面要经常保持有效的消毒药剂。

2. 兽医室和人工授精室　兽医室一般设在牛场的下风向，或隔离牛舍附近，其建筑包括诊疗室、药房、化验室、办公值班室及病畜隔离治疗室，要求地面平整牢固，易于清洗消毒。

人工授精室与兽医室最大的不同点是，兽医室是以兽医治疗为核心工作，存放常用药品和病牛治疗处置器械，接触的动物主要是病畜或亚健康个体。而人工授精室是以维护肉牛正常配种妊娠为主要工作的建筑设施，用于保存冷冻精液及其器械的消毒处理，接触与处理的动物多是健康个体。因而要分别设置，避免互相影响。人工授精室可设在生活管理区与繁殖母牛生产区之间，以方便观察牛群行为变化为原则，其建筑设施包括无菌室、器械消毒贮藏间、人工授精操作间等。

3. 青贮窖及干草贮藏棚　青贮窖和干草棚一般建在牛舍的一侧，方便存取利用的场所。应远离粪尿污水池，其大小应根据肉牛的饲养量以及存贮周期长短而定。

干草棚的大小根据饲养规模、粗饲料的贮存方式、日粮的精粗比、容重等确定。一般情况下，切碎玉米秸的容重为50千克/米³。在已知容重情况下，结合饲养规模、采食量大小，对草库大小做粗略估计。为节省草库建设面积和便于存取，通常把青干草打捆后进行存贮。

4. 精饲料存贮与加工间　一般采用高平房，墙面应用水泥抹1.5米高，防止饲料受潮。安装饲料加工机组。加工室大门应宽大，以便运输车辆出入；门窗要严密，具备防鼠害、鸟害功能。大型肉牛场还应建原料仓库及成品库。饲料加工间内设原料贮存区、成品料贮存区和饲料加工区。饲料加工区安装饲料加工机组，依据生产规模和目标选用相应的机械设备。

第四章 肉牛生物学特点及其
在生态养殖中的利用

第一节 牛消化系统生理特点及采食特性

牛的消化器官包括口腔、咽、食管、瘤胃、网胃、瓣胃、皱胃、十二指肠、空肠、回肠、盲肠、结肠、直肠、唾液腺、肝脏和胰腺等。

一、牛的采食特性

口腔是牛的采食器官，口腔器官有唇、颊、舌、硬腭、软腭、齿等。牛没有上切齿、唇短厚、舌发达、口腔两侧颊乳头发达。牛没有上切齿，代之以角质化的齿垫，下切齿表面覆盖致密的齿釉质，采食时靠下切齿咬合到角质齿垫来切断牧草。牛唇短厚，对采食牧草的辅助作用很小，这一点与羊和马有很大差别，羊和马的唇灵活，是采食的重要器官。不足 10 厘米的野草牛采食很困难。牛的舌发达、肥厚，舌表面粗糙，是重要的采食器官；牛口腔两侧的颊黏膜上有发达的顶端向后的颊乳头，利于牛对牧草的快速采食。综合这些解剖特征，决定了牛的采食生理特点，当牧草茂盛、适口性好时，牛的采食速度快，咀嚼不充分即快速咽下。进食的东西很难吐出，所以常见牛把不能吃的金属丝、钉、玻璃等咽入胃中，导致创伤性网胃炎、心包炎和腹膜炎等疾病。通常牛一天有 4 个采食高潮，总采食时间约 6 小时。所以饲养管理中牛的采食时间也应在 6 小时左右。每日饲喂 3 次较每日饲喂 2 次可提高采食量 18%。

二、牛的反刍

牛采食时未经充分咀嚼即咽下，经过一段时间后，瘤胃中未充分咀嚼的长草重新返回到口腔，再精细咀嚼，这一过程叫反刍，因而牛又称为反刍动物。牛每天反刍 6~10 次，每次 30~50 分钟。牛每天采食要消耗大量能量，对饲草进行适当加工，可节省牛的能量消耗。

反刍是牛的重要消化过程，因而每天必须给牛留出充分的反刍时间，方可保证消化的正常进行。

三、牛的嗳气

牛在瘤胃消化过程中，产生大量二氧化碳，并混有甲烷、氨、硫化氢等气体，必须及时排出，否则这些气体积聚，使瘤胃内压力上升，妨碍瘤胃胃壁的血液循环，使瘤胃迟钝、嗳气困难，会导致瘤胃膨胀，轻者干扰牛的消化，严重时可造成牛死亡。

牛的胃有四个，即瘤胃、网胃、瓣胃、皱胃，其中皱胃相当于猪、犬、猫等的胃，瘤胃、网胃和瓣胃主要有贮存、加工食物，参与反刍和微生物消化等功能。牛的瘤胃体积很大，成年牛瘤胃容积可达 150~200 升，甚至更大。瘤胃可看作是一个大发酵罐。瘤胃内环境非常适宜微生物的繁殖和生长，瘤胃微生物包括纤毛虫和细菌等，分解纤维素、淀粉和蛋白质等营养物质，产生大量单糖、双糖、低级脂肪酸、合成 B 族维生素及维生素 K 等，这些微生物还可以利用饲料中的非蛋白氮合成微生物自身蛋白质，最后这些微生物随食团进入小肠被小肠消化、吸收，作为牛体蛋白质的来源。鉴于此，牛不宜经口服的方式服用抗生素，否则对瘤胃微生物不利，影响牛的消化机能。

牛对粗饲料的消化利用率高，主要依赖于牛瘤胃中的微生物。因而，要养好牛，首先是要保证瘤胃微生物的正常发酵。给瘤胃微生物创造适宜的发酵条件，就要求日粮供给的均衡性，也就是说，草料供给要保持一致性，同时投喂要规律，在更换草料时要逐渐过渡，给瘤胃微生物一个适应过程。草料或饲养程序（饲喂时间、次数）突然改变会影响到牛的消化机能。

第二节 肉牛的生长发育规律及管理措施

牛的产肉性能是由遗传基因、饲养管理条件决定的，并在整个生长发育过程中逐步形成的。因此，要提高牛的产肉量，改善肉的品质，除选择好品种和改善管理条件以外，必须认识牛的生长发育规律。

一、体重

牛的初生重大小与遗传基础有直接关系。在正常的饲养管理条件下，初生重大的犊牛生长速度快、断乳重也大。一般肉牛在8月龄内生长速度最快，以后逐渐减慢，到了成年阶段（一般3~4岁）生长基本停止。据报道，牛的最大日增重是在250~400千克活重期间达到的，也因日粮中的能量水平而异。

饲养水平下降，牛的日增重也随之下降，同时也降低了肌肉、骨骼和脂肪的增长。特别在肥育后期，随着饲养水平的降低，脂肪的沉积数量大为减少。当牛进入性成熟（8~10月龄）以后，阉割可以使生长速度下降。据报道，在牛体重90~550千克之间，阉割以后减少了胴体中瘦肉和骨骼的生长速度，但却增加了脂肪在体内的沉积速度。尤其在较低的饲养水平下，阉割牛脂肪组织的沉积程度远远高于未阉割公牛。不同品种和类型牛的体重增长规律也不一样。

二、体形

初生犊牛，四肢骨骼发育早而中轴骨骼发育迟，因此牛体高而狭窄，臀部高于鬐甲。到了断乳前后（6~7 月龄），体躯长度增长加快，其次是高度，而宽度和深度稍慢，因此牛体增长，但仍显狭窄，前、后躯高度差消失。断乳至 14~15 月龄，高度和宽度生长变慢，牛体进一步加长、变宽。15~18 月龄以后，体躯继续向宽、深发展，高度停止增长，长度增长变慢，体形浑圆。

三、胴体组织

随着动物生长和体重的增加，胴体中水分含量明显减少，蛋白质含量的变化趋势相同，只是幅度较小。胴体脂肪明显增加，灰分含量变化不大。

骨骼的发育以 7~8 月龄为中心，12 月龄以后逐渐变慢。内脏的发育也大致与此相同，只是 13 月龄以后其相对生长速度超过骨骼。肌肉从 8~16 月龄直线发育，以后逐渐减慢，12 月龄左右为其生长中心。脂肪则是从 12~16 月龄急剧增长，但主要指体脂肪，而肌间和肌内脂肪的沉积要等到 16 月龄以后才会加速。胴体中各种脂肪的沉积顺序为皮下脂肪、肾脏脂肪、体腔脂肪和肌间脂肪。

四、肉质

肉的大理石纹从 8~12 月龄没有多大变化。但 12 月龄以后，肌肉中沉积脂肪的数量开始增加，到 18 月龄左右，大理石纹明显，即五花肉形成。12 月龄以前，肉色很淡，显粉红色；16 月龄以上，肉色显红色；到了 18 月龄以后，肉色变为深红色。肉的纹理，坚韧性、结实性以及脂肪的色泽等变化规律和肉色相同。

五、主要管理措施

育肥牛的种类分为当地黄牛、黄牛和其他品种（奶牛或肉牛）的杂种公牛，失去种用价值的公牛和母牛。育肥前选择健康无病、食欲和消化能力正常，精神状好，未患传染病和寄生虫病、代谢性疾病的肉牛。对牛进行全面检查，病牛、过老、采食困难的牛不要育肥。公牛在育肥开始前 10 天去势，带角牛育肥前锯角，母牛还可以配种怀孕，待产犊后立即育肥。育肥前要驱虫（包括体外和体内寄生虫），并严格清扫和消毒房舍，清除传染病源。为了方便管理，减少外伤，对带角牛去角，一般用骨锯锯角，出血时，涂“消炎粉”（主要成分为生杜仲，红花，防风等）或碘酒消毒。公牛育肥前去势，并单槽喂养。房舍温度不低于 0℃且不高于 27℃。因此，一般以晚秋和冬季育肥为好，这样胴体也容易在市场销售。

成年牛的育肥期不宜过长，一般以三个月为宜。膘情差的牛，可先用优质粗饲料进行饲养。有草山、草坡的地方，可先将瘦牛放牧饲养，然后再育肥。在育肥期中，应及时按增重高低，调整日粮，提高育肥效果。精料型日粮一般在育肥的最后阶段（90~120 天）使用，目的是通过短期育肥，达到改善牛肉品质。

日粮要多样化。除了以秸秆作为主要粗饲料，还可以利用酒糟、糖渣、粉渣、醋糟等工业副产品以及青草、干草和玉米青贮等。冬、春育肥时，加少许胡萝卜、马铃薯和甘薯等块根饲料，可以提高育肥效果。

第五章　生态肉牛的选种选育技术

第一节　肉牛的外貌选择

养牛的第一步是购牛，认识和掌握牛的体型外貌特点，选择健康有育肥潜力的优质牛进行饲养，是科学养肉牛的前题。

一、肉牛的体型外貌鉴定

牛的外貌即牛体躯结构的外部形态，其内部组织器官是构成牛外貌的基础。牛的体质是机体形态结构、生理功能、生产性能、抗病力、对外界生活条件的适应能力等相互之间协调性的综合表现。牛的体质与外貌之间存在着密切的联系。外貌鉴定是通过对肉牛体型外貌的观察，揭示外貌与生产性能和健康程度之间的关系，以便在养牛生产上尽可能地选出生产性能高、健康状况好的牛。

二、肉牛的形态特征

肉牛的理想体型呈"长方砖形"。从整体看，肉牛体型外貌特点应该从侧面、上方、前方或后方观察，均呈明显的矩形或圆筒状，体躯低垂，皮肤较薄，骨骼细致，全身肌肉丰满、疏松且比较匀称。从局部看，能体现肉牛产肉性能的主要部位有：头、鬐甲、背腰、前胸、尻部（后躯）以及四肢，尤其尻部最为重要。从前面看，胸宽而深，鬐甲平广，肋骨开张，肌肉丰满，构成前望矩形；从上面看，鬐甲宽厚，背腰和尾部广阔，构成上望矩形；从侧面看，颈短而宽，胸、尻深厚，前额突出，后股平直，构成侧望矩形；从后面看，尾部平广，两腿深厚，也构成矩形。肉牛的体形方整，在比例上前后躯较长，而中躯较短，全身粗短紧凑，皮肤细薄而松软，皮下脂肪发达，背腰、尻部及四肢等部位的肌肉中间多沉积丰富的脂肪，被毛细密有光泽。

三、肉牛的外貌部位与牛肉品质

肉牛的体型外貌，在很大程度上直接反映其产肉性能。肉用牛与其他用途的牛在肉的品质上具有共同的规律，都是背部的牛肉最嫩、品质最好，依次为尻部、后肢、肩和鬐甲部、颈部、腹部、肋部和前胸部。无论什么品种的牛，其牛肉质量都因产肉部位不同而存在差异，好与次的程度用"＊"表示，"＊"多则等级高、售价高。

四、肉用牛的外貌发育要求

生产中一般将牛体划分为十个部分，对于肉用牛，各部分的名称与发育要求如下：

（1）头部。线条轮廓清晰，公牛头必须强壮、雄悍。

（2）颈部。要求壮实、粗短，与体躯结合良好，过渡自然。

（3）鬐甲。要求宽、平、厚，结合紧凑。

（4）背部。要求平整，长宽而平，厚实丰满。

（5）腰部。要求肌肉发达，长而宽厚。

（6）尻部。要求宽长而方正，肌肉发达，臀部肌肉饱满、突出。

（7）胸部。要求肢间距离宽，侧视胸深大于肢长。

（8）腹部。发达呈筒状，不下垂。

（9）生殖器官。要求外部形态发达。

（10）四肢。端正、灵活、矫健，关节清晰，四蹄端正、蹄质光滑。

第二节　肉牛年龄的鉴定

牛的年龄与生产性能密切相关。年龄的选择非常重要，而实际养牛生产中大多缺失年龄记录。年龄可根据牙齿鉴定和角轮鉴定相结合的方式进行综合判定。

一、通过牙齿鉴定牛的年龄

牛的口齿鉴定主要是通过切齿的萌出和磨损情况进行。牛的上颌无切齿，代之以角质化的齿垫，下颌骨上着生有4对切齿，从中间向两边依次称钳齿、内中间齿、外中间齿和隅齿。

牛的切齿表面被覆齿釉质，是牛体内最坚硬的组织，锐利耐磨。齿的主体是齿质，在齿质的内部有齿髓腔。一般初生犊牛已长有乳门牙（乳齿）1~3对，3周龄时全部长出，3~4月龄时全部长齐。4~5月龄时开始磨损，1周岁时四对乳牙显著磨损。1.5~2岁时换生第一对门齿，出现第一对永久齿；2.5~3岁时换生第二对门齿，出现第二对永久齿；3~4岁时换生第三对门齿，出现第三对永久齿。4~5岁时换生第四对门齿，出现第四对永久齿；5.5~6岁时永久齿长齐，通常称为齐口。亦可简单地按照"两岁一对牙、三岁两对牙，四岁三对牙，五岁四对牙"来判断牛的年龄。

乳齿和永久齿的区别，一般乳门齿小而洁白，齿间有间隙，表面平坦，齿薄而细致，有明显的齿颈；永久齿大而厚，呈棕黄色、粗糙。

6 岁以后的年龄鉴别主要是根据牛门齿的磨损情况进行判定。门齿磨损面最初为长方形或横椭圆形，以后逐渐变宽，成为椭圆形，最后出现圆形齿星。齿面出现齿星的顺序依次是 7 岁钳齿、8 岁内中间齿、9 岁外中间齿、10 岁隅齿，11 岁后牙齿从内向外依次呈三角形或椭圆形变化。

二、根据角轮鉴定牛的年龄

牛在妊娠期、冬季营养不良等饲养管理条件下，角的生长发育不良，导致角的表面凹陷，形成角轮。一般牛的实际年龄等于角轮数加上 2~3 岁。角轮鉴定年龄仅做参考，在现代肉牛饲养中，四季营养基本平衡，形成的角轮不明显。

第三节　肉牛体尺测量与体重估算

肉牛体尺测量与体重估算是了解牛体各部位生长与发育情况、饲养管理水平以及牛的品种类型的重要方法。在正常生长发育情况下，牛的体尺与体重都有一定的关联度，若差异过大，则可能是饲养管理不当或出现遗传变异，要及时查出原因，加以纠正或淘汰。

牛体尺测量的工具包括测杖和卷尺，测杖又称为硬尺，卷尺称做软尺。一般测量和应用较多的体尺指标主要有体高、体斜长、胸围、管围等。

（1）体高。即牛的鬐甲高，从鬐甲最高点到地面的垂直距离，通常用测杖测量。

（2）体斜长。从肩端前缘到坐骨结节后缘的曲线长度，要求用卷尺测量。

（3）胸围。在肩胛骨后角（肘突后沿）绕胸一周的长度，用卷尺测量。

（4）管围。在左前肢管部的最细处（管部上 1/3 处）的周径，用卷尺测量。

肉牛的体重最好以实际称重为准。一般用地磅或台秤称重。牛的体重较大，称重难度大，同时饲养场户大多没有合适的称量工具。因而，可根据牛的体尺体重之间的相关性，通过体尺测量数据进行估算。不同年龄牛的体重估算方法如下。

① 6~12 月龄：体重（千克）=［胸围（米）］×体斜长（米）×98.7；

② 16~18 月龄：体重（千克）=［胸围（米）］^{2}×体斜长（米）×87.5；

③ 成年母牛：体重（千克）=［胸围（米）］^{2}×体斜长（米）×90.0。

利用体尺估算体重，其结果应根据牛的肥瘦度适当加减。

第四节　肉牛的良种选育及选配

目前，在我国参与肉牛生产的多为我国品种和引进品种的改良牛，尚未进行大群引进肉用品种牛的生产。在肉牛养殖生产中，应该根据资源、市场和经济效益等自身具体条件和要求选择养殖品种。

一、按市场要求选择

（1）市场需要含脂肪少的牛肉时，可选择皮埃蒙特牛、夏洛来牛、比利时蓝白花牛、荷斯坦牛的公牛等引进品种的改良牛，改良代数越高，其生产性状越接近引进品种，但需要的饲养管理条件也得相应地与该品种一致，才能发挥该杂种牛的优质性状。例如，上述品种基本上均是农区圈养育成，改用放牧饲养于牧草贫乏的山区、牧区则效果不好。这类牛以长肌肉为主，日粮中蛋白质需求高，否则难以获得高日增重。

（2）需要含脂肪高的牛肉时（牛肉中脂肪含量与牛肉的香味、嫩滑、多汁性均呈正相关）可选择处于我国良种黄牛前列的晋南牛、秦川牛、南阳牛和鲁西牛，以及引进的安格斯牛、海福特牛和短角牛的改良牛。但要注意，引进品种中除海福特牛外，均不耐粗饲。我国优良品种黄牛较为耐粗饲。这类牛在日粮能量高时即可获得含脂肪高的胴体。

（3）要生产大理石状明显的"雪花"牛肉时，则选择我国良种黄牛以及引进品种安格斯牛、利木赞牛、西门塔尔牛和短角牛等改良牛。引进品种以西门塔尔牛耐粗饲，这类牛在高营养水平下育肥获得高日增重的条件下易形成五花肉。

（4）生产犊白肉（犊牛肉）可选择乳牛养殖业淘汰的公犊牛，可获得低成本高效益。其次选择一些夏洛来牛、利木赞牛、西门塔尔牛、皮埃蒙特牛等改良公犊牛。

二、按经济效益选择

（1）生产"白肉"。必须按市场需求量，因为投入极大。

（2）生产"雪花牛肉"。市场较广，是肥牛火锅、铁板牛肉、西餐牛排等优先选用。但成本较高，应按市场需求，以销定产，最好建立或纳入已有供销体系。

（3）杂种优势的利用。目前可选择具有杂种优势的改良牛饲养，可利用具杂种优势的牛生长发育快、抗病力强、适应性好的特点来降低成本，将来有条件时建立优良多元杂交体系、轮回体系，进一步提高优势率，并按市场需求，利用不同杂交系改善牛肉质量，达到最高经济效益。

（4）性别特点利用。公牛生长发育快，在日粮丰富时可获得高日增、高瘦肉率，是生产瘦牛肉时的优选性别。生产高脂肪与五花牛肉时则以母牛为宜，但较公牛多耗 10% 以上精料。阉割牛的特性处于公、母之间。

（5）老牛利用。健康的 10 岁以上老牛采取高营养水平育肥 2~3 个月也可获丰厚的效益，但千万不能采用低日增重和延长育肥期的饲喂方法，会导致牛肉质量差，且饲草消耗和人工费用增加。

三、按资源条件选择

（1）山区与远离农区的牧区，应以饲养西门塔尔牛、安格斯牛、海福特牛等改良牛为主，为农区及城市郊区提供架子牛作为收入。

（2）农区土地较贫瘠，人均耕地面积大，离城市远的地区，可利用草田轮作饲养西门塔尔牛等品种改良牛，为产粮区提供架子牛及产乳量高的母牛来取得最大经济效益。

（3）农区特别是酿酒业与淀粉业发达地区则宜于购进架子牛进行专业育肥，可取得最大效益，因为利用酒糟、粉渣等可大幅度降低成本。

（4）乳牛业发达的地区，则以生产白肉较为有利，因为有大量奶公犊牛，并且可利用异常乳、乳品加工副产品搭配日粮，可降低成本。

四、按气候条件选择

牛是喜凉怕热的家畜，气温过高（30℃以上）往往是育肥业的限制因素，若没有条件防暑降温，则应选择耐热品种。例如，圣格鲁迪牛、皮尔蒙特牛、抗旱王牛、婆罗福特牛、婆罗格斯牛、婆罗门牛等改良牛为佳。

第五节　杂交技术在生态肉牛
规模化养殖中的利用

一、正确利用杂交优势改良品种

不同品种间杂交，杂交后代生产性能超过双亲平均值的现象，称为杂种优势。通过 2 个或 2 个以上不同品种的公母牛交配，将杂种后代用于生产中，能提高育肥的经济效益。其好处表现为：①杂交改良牛种生长速度快，饲料转化率高，可提高20%左右。②屠宰率可提高 3%～8%，多产牛肉 10%左右。③杂种牛体重大，能达到外贸出口标准，牛肉品质好，能提高经济效益。

杂交是肉牛生产不可缺少的手段，采取不同品种牛进行品种间杂交，不仅可以相互补充不足，也可以产生较大的杂种优势，进一步提高肉牛生产力。经济杂交是采用不同品种的公母牛进行交配，以生产性能低的母牛或生产性能高的母牛与优良公牛交配来提高子代经济性能，其目的是利用杂种优势。经济杂交可分为二元杂交和多元杂交。

（一）二元杂交

二元杂交是指两个品种间只进行一次杂交，所产生的后代不论公母牛都用于商品生产，也叫简单经济杂交。在选择杂交组合方面比较简单，只测定一次杂交组合配合力。但没有利用杂种一代母牛繁殖性能方面的优势，在肉牛生产早期不宜应用，以免由于淘汰大量母牛而影响肉牛生产，在肉牛养殖头数饱和后可采用此法。

（二）多元杂交

多元杂交是指 3 个或 3 个以上品种间进行的杂交，是复杂的经济杂交。即用甲品种牛与乙品种牛交配，所生杂种一代公牛用于商品生产，杂种一代母牛再与丙品种公牛交配，所生杂种二代父母用于商品生产，或母牛再与其他品种公牛交配。其优点在于杂种母牛留种，有利于杂种母牛繁殖性能上优势得以发挥，犊牛是杂种，也具杂种优势。其缺点是所需公牛品种较多，需要测试杂交组合多，必须保证公牛与母牛没有血缘关系，才能得到最大优势。

（三）轮回杂交

轮回杂交是指用两个或更多种进行轮番杂交，杂种母牛继续繁殖，杂种公牛用于商品肉牛生产，是目前肉牛生产中值得提倡的一种方式。

轮回杂交分为二元和多元轮回杂交。其优点是除第一次杂交外，母牛始终是杂种，有利于繁殖性能的杂种优势发挥，犊牛每一代都有一定的杂种优势，并且杂交的两个或两个以上的母牛群易于随人类的需要动态提高，达到理想时可由该群母牛自繁形成新品种；缺点是形成完善的两品种轮回则需要 20 年以上的时间。

（四）地方良种黄牛杂交利用注意事项

通过十几年黄牛改良实践来看，用夏洛来牛、西门塔尔牛、利木赞牛、海福特牛、安格斯牛、皮埃蒙特牛与本地黄牛进行两品种、多元和级进杂交等，其杂种后代的肉用性能都得到显著改善。改良初期都获得良好效果，后来认为，以夏洛来牛、西门塔尔牛做改良父本牛，并以多元杂交方式进行本地黄牛改良效果更好。如果不断采用一个品种公牛进行级进杂交，3~4 代以后会失掉良种黄牛的优良特性。因此，黄牛改良方案选择和杂交组合的确定，一定要根据本地黄牛和引入品种牛的特性以及生产目的确定，以杂交配合力测定为依据确定杂交组合。为此，在地方良种黄牛经济杂交中应注意以下几项：

1. 良种黄牛保种　我国黄牛品种多，分布区域广，对当地自然条件具有良好适应性、抗病力、耐粗饲等优点。其中，地方良种黄牛，如晋南牛、秦川牛、南阳牛、鲁西牛、延边牛、渤海牛等具有易育肥形成大理石状花纹肉、肉质鲜嫩而鲜美的优点，这些优点已超过这些指标最好的欧洲品种安格斯牛，这些都是良好的基因库，是形成优秀肉牛品种的基础，必须保种。这些品种还应进行严格的本品种选育，加快纠正生长较慢的缺点，成为世界级的优良品种。

2. 选择改良父本　父本牛的选择非常重要，其优劣直接影响改良后代肉用性能。应选择生长发育快、饲料利用率高、胴体品质好、与本地母牛杂交优势大，适合本地生态条件的品种。

3. 避免近亲　防止近亲交配，避免退化，严格执行改良方案，以免非理想因子增加。

4. 加强改良后代培育　杂交改良牛的杂种优势表现仍取决于遗传基础和环境效应，其培育情况直接影响肉牛生产，应对杂交改良牛进行科学的饲养管理，使其改良的优势得以充分发挥。

5. 黄牛改良的社会性　因牛的繁殖能力低，世代间隔长，所以黄牛改良进展慢，必须多地区协作、几代人努力才能完成。

二、商品肉牛杂交生产的主要方式

（一）经济杂交

经济杂交是以生产性能较低的母牛与引入品种的公牛进行杂交，其杂种一代公牛全部直接用来育肥而不作种用。其目的是为了利用杂交一代的杂种优势。如夏洛来牛、利木赞牛、西门塔尔牛等与本地牛杂交后代的育肥。

试验表明，杂交牛较我国黄牛的体重、后躯发育、净肉率、眼肌面积等均有不同程度的改良作用。据报道，夏洛来牛与蒙古牛、延边牛、辽宁复州牛及山西太行山区中原牛的杂交一代，12 月龄体重分别比本地同龄牛提高 77.6%、19.9%、27.1%和81.4%，体现出明显的杂交优势。

（二）轮回杂交

轮回杂交是用两个或两个以上品种的公母牛之间不断地轮流杂交，使逐代都能保持一定的杂种优势。杂种后代的公牛全部用于生产，母牛用另一品种的公牛杂交繁殖。试验结果，两品种和三品种轮回杂交可分别使犊牛活重平均增加 15%和 19%。

（三）"终端"公牛杂交

"终端"公牛杂交用于肉牛生产，涉及 3 个品种。即用 B 品种的公牛与 A 品种的母牛配种，所生杂一代母牛（BA）再用 C 品种公牛配种，所生杂二代（ABC）无论雌雄全部育肥出售。这种停止于第 3 个品种公牛的杂交就称为"终端牛杂交体系。这种杂交体系能使各品种的优点相互补充而获得较高的生产性能。

第六章 生态肉牛的繁殖技术

牛的繁殖与生产密切相关，提高母牛繁殖率，提供较多的可育肥牛，才能生产更多的牛肉。

第一节 肉牛的生殖生理

了解和掌握母牛生殖器官的解剖结构特征，对于肉牛的妊娠诊断和科学助产十分必要。母牛生殖器官包括卵巢、输卵管、子宫、阴道、尿生殖道前庭和阴门等。

一、卵巢

卵巢左右侧各一个。形状为扁卵圆形，位于子宫角尖端两侧，每侧卵巢的前端为输卵管端，后端为子宫端。青年母牛的卵巢均在耻骨前缘之后，经产母牛的卵巢随妊娠而移至耻骨前缘的前下方。

卵巢是卵泡发育和排卵的场所。卵巢皮质部分布着许多原始卵泡，经过各发育阶段，最终形成卵子而排出。排卵后，在原卵泡处形成黄体。黄体能分泌孕酮，它是维持妊娠所必需的激素之一。在卵泡发育过程中，包围在卵泡细胞外的两层卵巢皮质基质细胞形成卵泡膜，卵泡膜分为内膜和外膜。内膜分泌雌激素，以促进其他生殖器官及乳腺的发育，也是导致母畜发情的直接原因。

二、输卵管

输卵管是位于每侧卵巢和子宫角之间的一条弯曲管道。

输卵管的前端扩大成漏斗状，称为输卵管漏斗。漏斗的边缘为不规则的皱裙，称输卵管伞，其前部附着在卵巢前端。漏斗中央的深处有一口为输卵管腹腔口，与腹膜腔相通，卵子由此进入输卵管。输卵管前段管径最粗，也是最长的一段，称输卵管壶腹；后端较狭而直，称输卵管狭部，以输卵管子宫口开口于子宫腔。输卵管与子宫角交界处无明显界限。

输卵管的功能是承受并运送卵子，也是精子获能、受精以及卵裂的场所。输卵管上皮的分泌细胞在卵巢激素的影响下，在不同的生理阶段，分泌出不同的精子、卵子及早期胚胎的培养液。输卵管及其分泌物生理生化状况是精子及卵子正常运行、合子正常发育及运行的必要条件。输卵管具有四大生理机能：①借助输卵管纤毛的摆动、管壁的蠕动等输送卵子和精子；②精子的获能：经子宫进入输卵管的精子到达输卵管的壶腹部时，完成获能，具有受精能力；③受精和受精卵的分裂：获能后的精子在输卵管的壶腹部同卵子结合，形成受精卵，并在此处产生分裂；④分泌精子、卵子以及受精卵的培养液，维持其正常生理活动。

三、子宫

子宫位于直肠下方，悬挂在子宫阔韧带上。由左右两个子宫角、一个子宫体和一个子宫颈构成。

子宫角为子宫的前端，前端通输卵管，后端会合而成为子宫体。子宫体向后延续为子宫颈。子宫颈平时紧闭，不易开张。子宫颈后端开口于阴道，又称子宫颈外口。

子宫是胚胎发育和胎儿娩出的器官。子宫黏膜内有子宫腺，其分泌物对早期胚胎有营养作用。随着胚泡附植的完成和胎盘进行交换气体、养分及代谢物，这对胚胎的发育极为重要。此外，母牛妊娠期间，胎盘所产生的雌激素可刺激肌肉的生长及肌动球蛋白的合成。在妊娠末期，胎盘产生的雌激素逐渐增加，为提高子宫的收缩能力创造条件，而且能使子宫、阴道、外阴及骨盆韧带变松软，为胎儿顺利娩出创造条件。

四、阴道

阴道位于骨盆腔内，前接子宫，后接尿生殖前庭。阴道在生殖过程中具有多种功能。是母牛的交配器官和分娩的产道。

五、外生殖器

外生殖器包括尿生殖前庭和阴门。尿生殖前庭是左右压扁的短管，长 10~12 厘米，前接阴道，后连阴门。阴道与前庭之间以尿道口为界。阴门又称外阴，是尿生殖前庭的外口，也是泌尿和生殖系统与外界相通的天然孔。外生殖器官是交配器官和产道，也是母牛排尿必经之路。

第二节　生态肉牛配种技术

一、发情

准确的发情鉴定可进行适时输精，提高受胎率。

（一）外部观察法

生产中最常用的方法。主要根据母牛的发情征状（爬跨行为）来判断。正常情况下，发情牛的征状明显，通过此法容易判断，但因其持续时间短，且又大都在夜间发情，故加强对即将发情的牛和刚结束发情的牛的发情征状的判断极为重要，可以有效防止漏配并及时补配。

即将发情牛的判断主要根据其发情周期进行。发情到来之前，加强对牛的精神状态、外阴部变化等的观察，及时观察发情。而刚结束发情的牛，主要根据以下几个征状判断：爬跨痕迹明显，后臀部被毛凌乱，有唾液黏结；外阴周围有发情黏液黏结，有血丝；早晨起来，刚发过情的牛会因夜间爬跨疲劳而躺卧休息，其他牛则在活动。

目视观察发情是不可代替的最实用的方法。

（二）直肠检查法

直肠检查法是发情鉴定最准确的方法。对于异常发情及产后 50 天内未见发情的牛只，应及时实施生殖系统普查，尽早消除繁殖系统隐患。

操作方法：将湿润或涂有肥皂的手臂伸进直肠，排出宿粪后，手指并拢，手心向下，轻轻下压并左右抚摸，在骨盆底上方摸到坚硬的子宫颈，然后沿子宫颈向前移动，便可摸到子宫体、子宫角间沟和子宫角。再向前伸至角间沟分叉处，将手移动到一侧子宫角处，手指向前并向下，在子宫角弯曲处即可摸到卵巢。此时，可用手指肚细致轻稳地触摸卵巢卵泡发育情况，如卵巢大小、形状、卵泡波动及紧张程度、弹性和泡壁厚薄，卵泡是否破裂，有无黄体等。触摸完一侧后，按同样的手法移至另一侧卵巢上检查。

检查卵巢时有下列两种情况：

（1）正常。母牛发情时卵巢正常的是两侧一大一小。育成母牛的卵巢，大的如拇指大，小的如食指大；成年母牛的卵巢，大的如鸽卵大，小的如拇指大。一般卵巢为右大左小，多数在右侧卵巢的滤泡发育，如黄豆粒或芸豆粒大小而突出于卵巢表面，发情盛期触之有波动感；发情末期滤泡增大到 1 厘米以上，滤泡壁变薄，有触之即破感。

（2）不正常。母牛发情时卵巢不正常有两种情况。一是两侧卵巢一般大，或接近一般大。育成母牛，两侧卵巢都不大，质地正常、扁平，无滤泡和黄体，属卵巢机能不全症；在成年母牛，两侧卵巢均较大，质地正常，表现光滑，无滤泡，有时一侧有黄体残迹，是患有子宫内膜炎的症状，这种牛虽有发情表现，但不排卵。二是两侧卵巢虽然一大一小，而大侧卵巢如鸡卵或更大，质地变软，表面光滑，无滤泡和黄体，是卵巢囊肿的症状。总之，在母牛发情时，其卵巢体积大如鸡卵或缩小变硬都是病态。

检查子宫时也有两种情况：

（1）正常。发情正常者，育成母牛的子宫如拇指粗或稍粗，对称，触之有收缩反应，松弛时柔软，壁薄如空肠样。成母牛子宫角如1号电池或电筒粗，有时一侧稍粗，触之有收缩反应，松弛时柔软，有空心两层感。

（2）不正常。母牛发情时，子宫角不正常有3种状态。第1种，子宫角呈肥大状态，检查时发现两子宫角像小儿臂似的，两条又粗、又长、又圆的子宫角对称地摆着。触摸时，呈饱满、肥厚、圆柱样，收缩反应微弱或消失，通俗说法有肉乎乎的感觉。第2种，子宫角呈圆形较硬状态，触摸发现两角如1号电池或电筒粗，无收缩反应，如灌肠样，有硬邦邦的感觉。第3种，子宫角呈实心圆柱状态，触摸时发现两角如1号电池粗或稍细，收缩反应微弱，弛缓后也呈实心圆柱状，有细长棒硬的感觉。以上3种状态的子宫角，都是各种慢性子宫内膜炎的不同阶段的不同病理状态，必须进行治疗，否则将影响母牛妊娠。

牛的发情鉴定方法还有阴道检查法、试情法以及借助发情鉴定仪进行发情鉴定等。

二、人工授精

肉牛人工授精优点较多，不但能高度发挥优良种公牛的利用率，节约大量购买种公牛的投资，减少饲养管理费用，提高养牛效益，还能克服个别母牛生殖器官异常与公牛交配无法受孕的缺点，防止母牛生殖器官疾病和接触性传染病的传播，有利于选种选配，更有利于优良品种的推广，迅速改变养牛业低产的面貌。

（一）母牛的保定

人工授精操作的第一步是保定配种母牛。

1. 牛的简易保定法

（1）徒手保定法。用一手抓住牛角，拉提鼻绳、鼻环或用一手的拇指与食指、中指捏住牛的鼻中隔加以固定。

（2）牛鼻钳保定法。将牛鼻钳的两钳嘴抵入两鼻孔，并迅速夹紧鼻中隔，用一手或双手握持，也可用绳系紧钳柄固定。

对牛的两后肢，通常可用绳在飞节上方绑在一起。

2. 肢蹄的保定

（1）两后肢保定。输精前，为了防止母牛的骚动和不安，应将两后肢进行保定。方法是选择柔软的线绳在跗关节上方做"8"形缠绕或用绳套保定，此法广泛应用于挤乳和临床诊疗。

（2）牛前肢的提举和固定。将牛牵到柱栏内，用绳在牛系部固定，绳的另一端自前柱由外向内绕过保定架的横梁，向前下兜住牛的掌部，收紧绳索。把前肢拉到前柱的外侧，再将绳的游离端绕过牛的掌部，与立柱一起缠两圈，则被提起的前肢牢固地固定于前柱上。

（3）后肢的提举和固定。将牛牵入柱栏内，绳的一端绑在牛的后肢系部，绳的游离端从后肢的外侧面，由外向内绕过横梁，再从后柱外侧兜住后肢蹄部，用力收紧绳索，使蹄背侧面靠近后柱，在蹄部与后柱多缠几圈，把后肢固定在后柱上。

待母牛保定好后，即可开始输精。

（二）冻精的解冻技术和解冻方法

（1）解冻液的配制。目前使用的解冻液多为 2.9% 的柠檬酸钠溶液，大部分人工授精站都是统一从育种站购买，也有少部分地区自制。不论是购买或自己配制，都必须严格按照生产过程中的操作规程，统一配方并设定准确的相关参数（pH值、渗透压）。现将配方及配制方法介绍如下：

准确称取柠檬酸钠 2.9 克，放入玻璃量筒内加蒸馏水至 100 毫升刻度，混合均匀，测定 pH 值为 7.33，渗透压 290.3，经定量滤纸过滤，分装于安瓿瓶内。每只安瓿瓶内净容量为 1.5 毫升，用酒精灯火焰封口，置于高压消毒锅内消毒灭菌（蒸气 1.06~1.4 千克/厘米^2，时间 20~40 分钟，蒸气温度 121~126℃），保存在阴凉干燥处备用，有效期为 6 个月。安瓿解冻液的优点是便于保管，卫生，能减少外界环境污染，取用方便。据了解，有的单位使用的解冻液是自行配制后盛装于三角烧瓶中保存备用，这种方法保存的时间短，接触外界污染机会多，取用不便，且质量难保证。建议各地使用安瓿法解冻液，以保证冻精解冻后的质量。

（2）解冻温度。冷冻精液的解冻温度分为快速解冻（40℃）、室温解冻（15~20℃）、冷水（4~5℃）缓慢解冻 3 种方法。目前世界上大部分地区都采用 35~40℃ 解冻，实践证明，采用 40℃ 快速解冻精子复苏率较高，且活力较强。

（3）解冻技术操作。解冻过程中必须严格各个环节的操作过程，注意以下事项：冻精离开液氮面与放入解冻液中时一定要快取快放，尽量缩短空间停留时间；颗粒冻精上不得黏附冻霜，如有应稍加振动，使其脱落后再行解冻；解冻过程的各个环节，必须严格控制环境污染；夹取颗粒冻精的金属镊子要经预冷后再夹取冻精，以防止颗粒冻精黏附在镊子上难以脱落。

解冻具体操作步骤：首先将恒温容器（电热恒温水浴锅或广口保温杯）内的水温调至（40±2）℃，将装有解冻液的安瓿瓶放入温水内，等其温度与恒温水相等时，即将安瓿瓶拿出，用消毒纱布抹去安瓿瓶周围的水分，再用安瓿瓶开口器或金属镊子将安瓿瓶尖端开口，口径大小以能放入一颗冻精为宜。然后夹取一颗冻精放入安瓿瓶，在温水中轻缓游动，使安瓿瓶内的颗粒冻精温度均匀上升，游动安瓿瓶时必须特别小心，绝对不能将恒温水振入安瓿瓶内，观察颗粒溶解至80%~90%时，即可将其拿出水面，再次用消毒纱布擦去安瓿瓶周围的水分，并略加摇动，使精液完全溶解，混合均匀。在20℃左右温度的显微镜下检查精子活力情况，如有效精子（呈直线前进运动的精子）的活力在0.3级以上，即可用于输精。

值得注意的是：每支解冻液限解冻一粒冻精，如超过一粒时，应分别解冻，绝对不能同一支解冻液中同时放入两粒冻精。镜检精子质量时，玻片上的精液要厚薄均匀，观察精子活力时，不能根据一开始看到的精子的运动情况而判定精子的活力等级，因为往往初看时活动的精子不多，但略过一段时间后，又有一部分精子会复苏而活动起来，其原因是精子的复苏需要一定的时间。镜检时要多看几个视野，并调节上下焦距，因为盖玻片或载玻片之间有一定的厚度，死精子往往漂浮在上层，如果只看上层，死精子就多，判定活力等级时就会偏低而只看到中层，判定活力等级时就会偏高。因此要综合平衡各个视野，防止误判，取得较为准确的活力等级。

（三）输精

在选择对母牛进行配种的场所时，需注意以下几方面：

（1）确保动物和配种员的安全。

（2）使用方便。

（3）准备应对天气变化的遮盖物。

无论操作者是左利手还是右利手，都推荐使用左手进入直肠把握生殖道，用右手操作输精枪。这是因为母牛的瘤胃位于腹腔的左侧，将生殖道轻微地推向了右侧。所以会发觉用左手要比右手更容易找到和把握生殖道。

在靠近牛准备人工授精的时候，操作者轻轻拍打牛的臀部或温和地呼唤牛，将有助于避免牛受惊。先将输精手套套在左手，并用润滑液润滑，然后用右手举起牛尾，左手缓缓按摩外门。将牛尾放于左手外侧，避免在输精过程中影响操作。并拢左手手指形成锥形，缓缓进入直肠，直至手腕位置。

用纸巾擦去阴门外的粪便。在擦的过程中不要太用力，以免将粪便带入生殖道。左手握拳，在阴门上方垂直向下压。这样可将阴门打开，输精枪头在进入阴道时不要与外门壁接触，避免污染。斜向上 30°角插入输精枪，避免枪头进入位于阴道下方的输尿管口和膀胱内。当输精枪进入阴道 15 ~ 20 厘米，将枪的后端适当抬起，然后向前推至子宫颈外口。当枪头到达子宫颈时，操作者能感觉到一种截然不同的软组织顶住输精枪。

若想获得高的繁殖率，在人工授精时要牢记以下要点：

（1）动作温和，不要过于用力。

（2）输精过程可分为两步，先将输精枪送到子宫颈口，再将子宫颈套在输精枪上。

（3）通过子宫颈后将精液释放在子宫体内。

（4）操作过程中不要着急。

（5）操作者和母牛保持放松。

第三节　肉牛繁殖管理技术

一、妊娠诊断技术

配种受胎后的母牛即进入妊娠状态。妊娠是母牛的一种特殊性生理状态，从受精卵开始，到胎儿分娩的生理过程称为妊娠期。母牛的妊娠期为 240~311 天，平均 283 天。妊娠期因品种、个体、年龄、季节及饲养管理水平不同而有差异。早熟品种比晚熟品种妊娠期短；乳用牛妊娠期短于肉用牛，黄牛妊娠期短于水牛；怀母牛犊比公牛犊约少 1 天，育成母牛比成年母牛约短 1 天，怀双胎比单胎少 3~7 天，夏季分娩比冬春少 3 天，饲养管理好的多 1~2 天。在生产中，为了把握母牛是否受胎，通常采用直肠诊断和 B 超检查的方法。

（一）直肠诊断

直肠检查法是判断母牛是否妊娠最普遍、最准确的方法。在妊娠两个月左右可正确判断，技术熟练者在一个月左右即可判断。但由于胚泡的附植在受精后 60（45~75）天，2 个月以前判断的实际意义不大，还有诱发流产的副作用。

直肠检查的主要依据是子宫颈质地、位置；子宫角收缩反应、形状、对称与否、位置及子宫中动脉变化等，这些变化随妊娠进程有所侧重，但只要其中一个症状能明显地表示妊娠，则不必触诊其他部位。

直肠检查要突出轻、快、准三大原则。其准备过程与人工授精过程相似，检查过程是先摸子宫角，最后是子宫中动脉。

妊娠 30 天，子宫颈紧缩，两侧子宫角不对称，孕侧子宫角稍增粗、松软，稍有波动感，触摸时反应迟钝，不收缩或收缩微弱，空角较硬而有弹性，收缩反应明显。排卵侧卵巢体积增大，表面黄体突出。

妊娠 60 天，孕角比空角增粗 1~2 倍，孕角波动感明显，角间沟已明显。

妊娠 100 天，子宫颈前移至趾骨前缘，子宫开始沉入腹腔，孕角大如婴儿头，有时可摸到胎儿，在胎膜上可摸到蚕豆大的胎盘；孕角子宫颈动脉根部开始有微弱的震动，角间沟已摸不清楚。

妊娠 120 天，子宫颈越过趾骨前缘，子宫全部沉入腹腔。只能摸到子宫的背侧及该处的子叶，子宫中动脉搏动明显。

随妊娠期的延长，妊娠症状愈来愈明显。

（二）B 超诊断

1. B 超的选择　选择兽用 B 超，探头的规格和专业的兽医测量软件非常重要。仪器要便携，如果仪器笨重，且要接电源，不方便临床操作。分辨力最重要，如果操作者看不清图像，会影响诊断结果。

2. B 超的应用　应用 B 超进行母牛妊娠诊断，要把握正确位置，与直肠检查相比，B 超检查确诊受孕时间短、直观、效果好。一般在配种后 24~35 天 B 超检查可检测到胎儿并能够确诊怀孕，而直肠检查一般在母牛怀孕 50~60 天才可确诊；B 超检查在配种后 55~77 天可检测到胎儿性别。B 超确诊怀孕图像直观、真实可靠，而直肠检查存在一些不确定或未知因素。B 超检查在配种 35 天后确诊没有怀孕，则在第 35 天对母牛进行技术处理，较直肠检查 60 天后方能确诊并进行处理明显缩短了延误的时间。在生产中，使用 B 超检查除诊断母牛受孕与否外，还可应用在卵巢检查和繁殖疾病监测等方面。

二、分娩

妊娠后，为了做好生产安排和分娩前的准备工作，必须精确算出母牛的预产期。预产期推算以妊娠期为基础。母牛妊娠期240~311天，平均280天，有报道说我国黄牛妊娠期平均285天。一般肉牛妊娠期为282~283天。

妊娠期计算方法是配种月份加九或减三，日数加六，超过30上进一个月。如某牛于2019年2月26日最后一次输精，则其预产月份为2+9=11月，预产日为26+6=32日，上进一个月，则为当年12月2日预产。

预产期推算出以后，要在预产期前一周注意观察母牛的表现，尤其是对产前预兆的观测，做好接产和助产准备。

分娩前，将所需接产、助产用品，难产时所需产科器械等，消毒药品、润滑剂和急救药品都准备好；预产期前一周把母牛转入专用产房，入产房前，将临产母牛牛体刷拭干净并将产房消毒、铺垫清洁而干燥柔软的干草；对乳房发育不好的母牛应及早准备哺乳品或代乳品。

第七章 肉牛规模化生态养殖放牧
草地的利用和管理技术

第一节 肉牛规模化生态养殖放牧草地的利用

一、放牧肉牛强度的确定

放牧肉牛强度主要可用载畜量来说明。载畜量是指单位草地面积上放牧牛群的头数或每头牛占有草地面积的数量。另一种载畜量的计算方法是将单位面积上放牧牛群的头数与放牧天数结合。研究证明,在一定范围内单位面积上牛群头数增多,对牧草的啃食和践踏的程度增强。由于采食的竞争,每头牛的生产性能逐渐下降,单位面积的畜产品总产量逐渐提高。但是,肉牛的单产和单位面积上的总产量不可能同时都提高,超过一定限度后,随着载畜量增加,单位面积上畜产品总产量反而下降。合理确定载畜量是确定放牧强度的关键。

确定载畜量要以草定畜,实行草畜平衡。根据草地载畜能力及牛群采食量,确定适宜的放牧强度,是草地利用的关键。载畜量的确定受多种因素影响,主要包括确定草地牧草产量、牛群的日采食量、放牧天数和草地利用率。肉牛载畜量的计算公式如下:

载畜量(公顷/头)=采食量[千克/(头·天)]×放牧时间(天)/草地产量(千克/公顷)×草地利用率(%)

例如，牧草地的产草量为 6 667.5 千克/公顷，放牧肉牛每天采食青草 45.5 千克/（头·天），实行分区轮牧时，该草地放牧 6 天，如果放牧草地利用率为 90%，其载畜量应该为 45.5×6/6 667.5×90% = 0.04（公顷/头）。即每头肉牛占有 0.04 公顷的草地为合理的放牧强度。

载畜量确定以后，草地载畜量是否合适，还应从草地植被状况，如牧草种类成分变化、产草量、土壤板结程度等和牛群体况及畜产品数量来检验。

二、采食饲用牧草高度的确定

采食饲用牧草高度要根据放牧后剩余高度情况而定。"牛群采食高度"即放牧后剩余高度，它同牧草的适度利用有密切关系。从草地的合理利用角度来看，采食后剩余高度越低，利用越多，浪费越少，但也不能太低。放牧后留茬太低，牧草下部叶片啃食过多，营养物贮存量减少，再生能力受到影响。特别是晚秋放牧留茬过低，影响草地积雪和开春后牧草再生，对低温的抵抗力也会降低。放牧不同于刈割，放牧后留茬高度，只能掌握一个大致范围。肉牛采食后留茬高度大致为 5~6 厘米为宜。

三、肉牛放牧期的确定

草地最适当的开始放牧时期到最适当的结束放牧时期，称为该草地的"放牧期"或"放牧季"。只有根据科学的放牧期进行放牧，对草地的破坏性才较小，才能持续高产。我国南方很多地区牛群都是终年放牧的。在生产上划分放牧时期，实际上是困难的。但必须掌握有关原理，才能设法弥补缺陷、避免损失，从而合理利用草地、培育草地，提高草地利用率。

在生产实践中牧民多根据节令（季节）来确定放牧时期。

如甘肃有的地区牧民认为：高山草原最适始牧期是夏至（6月下旬）；亚高山草原在芒种（6月上旬）；湿润或干旱草原在小满（5月下旬）。黑龙江草甸化草原区也多在小满（5月下旬）后开始放牧。在川西地区有"畜望清明满山草"之说，即清明前后为最适开始放牧期。这些都属地区性经验，对其他地区仅供参考，即是在同一地区不同年份也有一些差异，还应根据当时的实际情况灵活应用。当前比较公认的办法，仍然是根据优势牧草生育期并参考草地水分状况等来确定放牧时期。从土壤水分状况来看，以不超过 50%～60% 为宜，凭经验判断，如果是人、畜走过草地无脚印，即认为水分适宜。草地上的优势牧草以达到下列生育期即为开始放牧适期：禾本科草是开始抽茎期；豆科或杂类草是腋芽（侧枝）发生期；莎草科草是分蘖停止或叶片生长到成熟大小时。

四、自由放牧制度

放牧制度是草地在以放牧利用为基本形式时，将放牧时期、牛群控制、放牧技术的运用等通盘考虑的一种体系。大致可分为自由放牧制度及计划放牧制度两类，而自由放牧制度则是我国现在用于生产的基本放牧制度。自由放牧，也叫无系统放牧，对草地的利用程度及对牛群健康状况的影响基本上决定于放牧员的技术及责任感。这种放牧制度常采用以下几种方式：

1. 连续放牧　是农区最为常见的一种形式，整个放牧季节里，甚至全年均在一个地段上连续放牧，常引发草地植被破坏、牛群健康不良。这是最原始、最落后的放牧方式，应予改进。

2. 季带放牧　将草地分成若干季带，如春、夏、秋、冬四季草场。季节放牧是牧区常采用的一种形式，在一个地段放牧三个月或半年，然后转场。这种放牧形式虽比连续放牧有所改进，但仍难克服连续放牧的基本缺点。

3. 抓膘放牧　即夏末秋初，正当牧草结籽季节，由青壮年放牧员驱赶牛群，携带用具，经常转移牧地，选择水草好的地方，使牛群在短时间内催肥（抓膘）以便越冬。这种形式多用于牛群密度小的草地上。抓膘放牧属于季带放牧的一种。

4. 就地宿营放牧　这是自由放牧中比较进步的一种形式，放牧地虽无严格次序，但放牧后就地宿营，避免了人和牛群奔波的辛劳，同时畜粪可撒播均匀，还可减少寄生性蠕虫病的传播。

五、划区轮牧技术

划区轮牧是把草地划分为若干个季带。在每个季带内再划分为若干个轮牧区。每个轮牧区由很多轮牧分区组成。放牧时根据分区载畜量的大小，按照一定的顺序逐区轮流利用。在放牧时可酌情采用系留放牧、一昼放牧、不同牛群更替放牧、混合牛群放牧、野营放牧等形式。季带划分的主要依据是气候、地形、植被、水源等条件，在山区要特别重视地势条件。季带划分如下：

1. 冬季草场　冬季牛群体质较瘦弱，又值母畜妊娠后期或临产期，这时牧草枯黄，又多被雪覆盖，因此冬场应选择背风向阳的地段。陕北农谚"春湿、夏干、秋抢茬，冬季放在沙巴拉（即沙窝子）"；"春栏背坡、夏栏梁，秋栏峁坡、冬栏阳"，这都是符合科学道理的。在植被选择上，牧草茎秆要高，盖度要大，才不会被风吹雪盖。也要考虑离营地和饮水点要近，避免牛群走动过远消耗体力。

2. 春季草场　此时牛群处于所谓"春乏期"，又值临产或哺乳季节，对草场要求背风向阳、地势开阔，最好有牧草萌发较早的地段，以利于提前补饲青绿饲料。

3. 夏季草场　此时是牧草生长旺盛期，也是牛群恢复体力抓夏膘的季节。但夏季气候炎热，蚊蝇较多，故夏场要选地势高燥、凉爽通风的地段。

4. 秋季草场　此时是牛群抓"秋膘"的季节，牧草处于结实期，在草场的选择上要地势较低、平坦而开阔。农谚有"春放平川，秋放洼"的说法。因为低洼地段水分条件好，牧草枯黄晚些，有利于抓秋膘。但芨芨草的草滩，不宜作为秋季草场，秋季牛群不吃芨芨草。针茅、黄背茅、扭黄茅等比重大的有害草地也不宜作为秋季草场，因为这时正值它们结实期，长芒钻入牛体危害很大，同时，还会帮助它们自然播种。

第二节　肉牛规模化生态养殖放牧草地的管理

一、草地植被灌丛与刺灌丛的清除

草地上的灌丛、刺灌丛饲用价值低，徒占面积，羁绊牛群，影响放牧。割草时影响机具运转，特别是带刺的灌丛为草地上严重的草害，放牧母牛时，易刺伤牛体，划破其乳房，应予清除。草地上灌木稀少时可用人力挖掘，有的灌木萌发力差，只需齐地面挖掉，残根可自然腐烂；面积大时，则需要用灌木清除机，化学除草剂也可考虑采用。

并不是草地上所有的灌丛均应清除。例如，北方有些地区依靠灌丛积雪。荒漠、半荒漠草原上灌木是主要饲料，要保护灌丛，有时还要栽培灌木牧草。在南方山区坡度很大的地段，灌木可保持水土。因此，清除灌丛、刺灌丛要权衡利弊，因地制宜。

二、草地封育技术

草地的封育亦称封滩育草、封沟育草、封沙育草。主要是划出一定面积的草地，在规定的时间内禁止放牧和割草，以达到草地植被自然更新的目的。根据各地经验，封育一年后，一般比不封育的可增产1~3倍。封育能提高草地产草量，其原因是草地连年利用，生长势削弱，同时靠种子繁殖的牧草没有结种机会，生长节律被破坏，产草量急剧下降。封育以后，恢复了牧草正常的生长与发育，加强了优良牧草在草群中的竞争能力，达到植被更新的目的。

各地经验证明，封育时间应根据草地退化程度、气候、土壤等条件来确定，一般可封育1~4年。当然，对植被退化严重的草地的封育也可超过4年。在生产上，从保养草地出发，也可采用夏秋封育冬春用；第一年封，第二年用；一年封几年用等方式。在封育区内还应采取灌溉、施肥、松耙、补播和营造防护林等综合措施，以缩短封育时间，提高封育效果。

三、牧草补播技术

牧草补播，就是在不破坏或少破坏原有植被的情况下，在草群中播种一些优质牧草，达到改善饲草品质，提高草地生产力的目的。

草种的选择是补播成败的关键，用作补播草种的牧草产量、适应性等条件中首先要考虑的是适应性和竞争力。因此，最理想的补播品种是抗逆性良好的野生牧草。当选择一些优良的栽培牧草进行补播时，必须事先经过试种。

补播过程中的一系列措施，均应围绕着如何加强补播草种的竞争力。播种前应对草地进行一番清理工作，如清除乱石、松耙、清除有毒有害的牧草等。在播种时期的选择上要因地制宜，如内蒙古春季风大、干旱不宜播种，夏季风小且有一定降雨量，故夏季在降雨前后进行补播较为适宜；新疆的干旱草原地区和荒漠草原地区，主要是土壤水分不足，在积雪融化期或融雪后进行补播较为适宜。

在地势不平、机器运转困难的地区，可用人工播种，播种后驱赶牛群放牧践踏以覆土，可使播种均匀。也可将种子拌在泥土和厩肥中制作丸衣，用人工或飞机进行播种。地势陡峭的地区，还可在泥土和厩肥里拌上草种，做成小的饼块，当下雨前后，将种饼块用竹扦钉在陡坡上，种子便很快萌发。在地势平坦的地区，可采用机播，大粒种子（如拧条等）可点播，小粒种子可拌土拌沙撒播，可骑马也可在汽车或拖拉机上，人工撒种。大面积草地用飞机播种效果更好。

除人工补播外，对天然补播也不可忽视，具体方法是在封育草地上待草种成熟后，用棍子把草种打落撒布在草地里，或放牧牛群让畜蹄践踏撒布种子。不管是人工补播或天然补播，如果能结合松耙、施肥、灌溉、排水、划破草皮等措施补播效果就更好。

四、草地有毒、有害植物防除技术

1. 生物防除法　是利用生物间的互相制约关系进行防除。这种方法简单易行，成本低，效果好。如飞燕草，牛最易中毒，马次之，绵羊采食量超过体重3%时，才引起慢性中毒。但它对山羊、猪却例外，不会引起中毒。因此，在飞燕草较多的草地上，利用山羊反复重牧可以除灭。山羊还对灌丛、刺灌丛有嗜食习性，反复重牧亦可逐渐除灭这类牧草。又如，有些牧草只有在种子成熟后才造成危害，如针茅属、扭黄茅等；相反，有些牧草在幼嫩时造成危害，成熟后特别是经霜以后是牛群的良好饲料，如蒿属牧草。遏兰菜幼嫩时无毒，只有种子里才含有毒质。根据这些特点，可在这些牧草无毒无害时期进行反复重牧除灭。一般连续 3~4 次重牧，有的毒害牧草即可除灭，有的可受到抑制。也可利用牧草的种间竞争进行除灭。例如，采用农业技术手段，促使优良的根茎型禾本科牧草生长与繁殖可使处于抑制状态的有毒有害植物逐渐淘汰。有的毒草，如毒芹、乌头、毛茛、藜芦、王孙、酸模、问荆等喜湿性强，也可采用排水、降低地下水位、改变牧草生态环境的办法予以除灭。

2. 人工防除法　对于在正常情况下，牛群均不采食的毒草，可采用反复刈割来代替反复重牧。有些数量不多，但有剧毒的牧草，可人工挖除。

3. 化学防除法　化学防除的效率很高，可彻底除灭某些有毒有害毒草。选择性强的除莠剂，它能杀灭毒草，而不伤害牧草，因此经济而有效的化学除莠剂的生产在草原杂草和有毒有害植物的防除上具有极其重大的意义。

五、荒地改良技术

由于水热条件不足、土壤基质疏松、肥力降低而废弃的土地或因土壤沙化、盐渍化而被迫弃耕的农地均称为撂荒地。这些荒地可以通过改良，建立草地。向撂荒地施以改良措施前，必须充分考虑到撂荒地的气候、土壤、水分及相邻地段的植被条件等，才可酌情采取措施。如撂荒地面积大、风蚀强、沙化严重，应首先栽种固沙牧草作生物屏障，为播种创造良好条件。在撂荒地播种条件已基本具备时，也可直接播种多年生牧草。

第八章 肉牛规模化生态养殖的
饲料配方设计技术

第一节 肉牛的营养需要和饲养标准

一、肉牛营养需要的种类与指标

肉牛的营养需要包括维持需要和生产需要。维持需要主要用于维持肉牛本身的生命活动，如基础代谢、自由活动、维持体温等；生产需要主要为肉牛生长、繁殖等的需要。肉牛摄取的营养首先满足维持需要，剩余的营养用于生产需要。

肉牛需要的营养物质包括碳水化合物、脂肪、蛋白质、矿物质、维生素、水六大营养素。其中，碳水化合物、脂肪、蛋白质是产热性营养素，可为肉牛提供能量。肉牛的营养需要种类有能量需要、蛋白质需要、矿物质需要、维生素需要、干物质需要和水的需要。

二、肉牛的饲养标准

目前，我国执行中华人民共和国农业行业标准《肉牛饲养标准》（NY/T 815—2004），主要包括生长育肥牛的营养需要、生长母牛的营养需要、妊娠母牛的营养需要、哺乳母牛的营养需要、哺乳母牛每千克4%标准乳中的营养含量、肉牛对矿物质元素的需要量、肉牛常用饲料成分与营养价值表。

肉牛饲养标准是绝大多数情况下期望获得较高养殖成效所必须参考的。按照肉牛饲养标准拟订日粮，可避免盲目性，防止日粮中营养不足或过多，保证肉牛获得全面平衡营养，保证取得肉牛育肥的良好增重和效益，防止造成直接经济损失和浪费。

三、肉牛饲料的分类

按照国际分类原则，肉牛饲料可分为青绿饲料、青贮饲料、粗饲料、能量饲料、蛋白质饲料、矿物质饲料、维生素饲料和添加剂饲料八大类。

（一）青绿饲料

指天然水分含量 60% 及其以上的青绿多汁植物性饲料。以富含叶绿素而得名。青绿饲料水分含量高，多为 70% ~ 90%。粗蛋白质较丰富，品质优良，其中非蛋白氮大部分是游离氨基酸和酰胺，对牛的生长、繁殖和泌乳均具有良好的作用。常用的青绿饲料有禾本科牧草和豆科牧草。

（二）青贮饲料

指将新鲜的青刈饲料作物、牧草或收获籽实后的玉米秸等青绿多汁饲料直接或经适当处理后，切碎、压实、密封于青贮窖、壕或塔内，在厌氧环境下，通过乳酸发酵而成。青贮饲料是养牛业最主要的饲料来源，在各种粗饲料加工中保存的营养物质最高（保存 83% 的营养）。粗硬的秸秆在青贮过程中可以得到软化，增加适口性，提高消化率。青贮饲料在密封状态下可以长年保存，制作简便，成本低廉。

常见青贮饲料主要有玉米青贮、玉米秸秆青贮和高粱青贮等。另外，冬黑麦、大麦、无芒雀麦和苏丹草等均是优质青贮原料。

在饲喂时，青贮饲料可以全部代替青绿饲料，但应与碳水化合物含量丰富的饲料搭配使用，以提高瘤胃微生物对氮素的利用率。牛对青贮饲料有一个适应过程，用量应由少到多逐渐增加，日喂量15~25千克。禁用霉烂变质的青贮饲料喂牛。

（三）粗饲料

干物质中粗纤维含量在18%以上的饲料均属粗饲料。包括青干草、秸秆、秕壳和部分树叶等。粗纤维含量高，可达25%~50%，并含有较多的木质素，难以消化，消化率一般为6%~45%；秸秆类及秕壳类饲料中的无氮浸出物主要是半纤维素和多缩戊糖的可溶部分，消化率很低，如花生壳无氮浸出物的消化率仅为12%。粗蛋白质含量低且差异大，为3%~19%。粗饲料中维生素D含量丰富，其他维生素含量低。优质青干草含有较多的胡萝卜素，秸秆和秕壳类饲料几乎不含胡萝卜素；矿物质中含磷很少，钙较丰富。

（四）能量饲料

能量饲料是指干物质中粗纤维含量在18%以下，粗蛋白质含量在20%以下，消化能在10.46兆焦/千克以上的饲料，是牛能量的主要来源。主要包括谷实类及其加工副产品（糠麸类）、薯粉类和糖蜜等。

（五）蛋白质饲料

指干物质中粗纤维含量在18%以下，粗蛋白质含量20%以上的饲料。由于反刍动物禁用动物蛋白质饲料，因此对于肉牛主要包括植物性蛋白质饲料、单细胞蛋白质饲料、非蛋白氮饲料等。

（六）矿物质饲料

矿物质饲料一般指为牛提供食盐、钙源、磷源及微量元素的饲料。

（七） 维生素饲料

维生素饲料指为牛提供各种维生素类的饲料，包括工业提纯的单一维生素和复合维生素。

肉牛有发达的瘤胃，其中的微生物可以合成维生素 K 和 B 族维生素，肝、肾中可合成维生素 C，除犊牛外一般不需额外添加。只考虑维生素 A、维生素 D、维生素 E。维生素 A 乙酸酯（20 万国际单位/克）添加量为每千克日粮干物质 14 毫克，维生素 D_3 微粒（1 万国际单位）添加量为每千克日粮干物质 27.5 毫克，维生素 E 粉（20 万国际单位）添加量为每千克日粮干物质 0.38~3 毫克。

（八） 饲料添加剂

饲料添加剂是指在配合饲料中加入的各种微量成分，包括营养性添加剂和非营养性添加剂。其作用是完善饲料的营养性，提高饲料的利用率，促进肉牛的生长和预防疾病，减少饲料在储存期间的营养损失，改善品质。为了生产标准无公害牛肉，所使用的饲料添加剂必须按中华人民共和国农业部公告第 105 号《饲料药物添加剂使用规范》（农牧发〔2001〕20 号文件）和《中华人民共和国农业部公告——农业部已批准使用的饲料添加剂》执行。

第二节　肉牛规模化生态养殖 饲料加工利用技术

一、饲草料的喂前加工

（一） 铡切、粉碎

不论是青刈收获的新鲜牧草还是干制后的牧草，特别是植株高大的牧草，在饲喂前都应该进行铡切，以利牛的采食。民谚"寸草切三刀，无料也上膘"即是此意。牧草喂牛并不建议粉碎，因为草粉对牛的进食量和消化并无帮助，且粉碎加工必然增加成本费用。籽实类饲料具有坚实的种皮，喂牛前应进行压扁或粉碎处理。

（二）去杂

牧草及农副产品在收获加工过程中，难免混入一些对牛有害的杂物，如土石碎块、塑料制品及铁丝、铁钉等。在饲喂前一定要筛选、去杂。牛采食粗糙，进食过多的杂物会造成消化紊乱，特别是铁钉等锐器，会刺伤胃壁，导致网胃心包炎，危及牛的生命。

（三）去毒

牧草幼苗期水分含量高，相对营养浓度低，不能满足牛的生长和生产需要，应对其水分进行适当调整后利用。特别是部分牧草幼苗期含有一定毒素，如玉米、高粱、三叶草等幼苗期不仅水分含量高，而且含有一定量的氰苷，直接饲喂，会导致牛氢氰酸中毒。

苗期的牧草应进行干制，脱水去毒后与其他牧草搭配喂牛。另外，作为蛋白质补充饲料的大豆饼含有抗胰蛋白酶、血细胞凝集素、皂角苷酶，棉籽饼含有棉酚、菜籽饼含有芥子苷，都对牛有一定毒性，必须进行去毒处理。

（四）搭配、混合

各种牧草的营养成分不同，适口性也不一致，在利用过程中，应将适口性好的牧草如紫花苜蓿、燕麦草等和适口性较差的牧草如含有特定芳香味的蒿科牧草以及质地粗硬的作物秸秆等多种牧草进行搭配饲用，以增加牛的采食量，同时起到营养互补和平衡的作用，民谚"花草花料"喂牛即是此意。

（五）碾青

碾青俗称"染青"，是我国劳动人民在长期的养牛生产过程中创造的一种牧草加工利用方式。即将干制后的秸秆和青刈收获的新鲜牧草混合碾压，使新鲜牧草被压扁、汁液流出而被秸秆吸收。加工后的牧草经短时间的晾晒，即可贮存。其意义为：可较快地制成干草，减少营养素的损失；茎叶干燥速度一致，减少叶片脱落损失；同时秸秆吸收鲜草汁液后可改善其适口性与营养价值。该法是对牧草进行有效利用的行之有效的加工方式。

二、精饲料的加工调制技术

精饲料加工调制的主要目的是便于牛咀嚼和反刍，为合理和均匀搭配饲料提供方便。适当调制还可以提高养分的利用率。

（一）粉碎与压扁

精饲料最常用的加工方法是粉碎，可以为合理和均匀搭配饲料提供方便，但用于肉牛的日粮不宜过细。粗粉与细粉相比，粗粉可提高适口性，提高牛唾液分泌量，增加反刍。一般筛孔 3~6 毫米。将谷物用蒸汽加热到 120℃ 左右，再用压扁机压成厚 1 毫米的薄片，迅速干燥。压扁饲料中的淀粉经加热糊化，用于饲喂牛消化率明显提高。

（二）浸泡

豆类、油饼类、谷物等饲料经浸泡，吸收水分，膨胀柔软，容易咀嚼，便于消化。如豆饼、棉籽饼等相当坚硬，不经浸泡很难嚼碎。

浸泡方法：用池子或缸等容器把饲料用水拌匀，料水比为 1：（1~1.5），即手握指缝渗出水滴为准，不需任何温度条件。

有些饲料中含有单宁、棉酚等有毒物质，并带有异味，浸泡后毒素、异味均可减轻，从而提高适口性。浸泡时间应根据季节和饲料种类的不同而异，以免引起饲料变质。

（三）肉牛饲料的过瘤胃保护技术

强度育肥的肉牛补充过瘤胃保护蛋白质、过瘤胃淀粉和脂肪都能提高生产性能。

1. 热处理　加热可降低饲料蛋白质的降解率，但过度加热会降低蛋白质的消化率，引起一些氨基酸、维生素的损失，应适度加热。一般认为，140℃左右烘焙 4 小时或 130~145℃火烤 2 分钟较宜。周明等（1996）研究表明，加热以 150℃、45 分钟最好。

膨化技术用于全脂大豆的处理，取得了理想效果。

2. 化学处理

（1）甲醛处理。甲醛可与蛋白质分子的氨基、羟基、硫氢基发生烷基化反应而使其变性，免遭瘤胃微生物降解。处理方法：饼粕粉碎后经 2.5 毫米筛孔，每 100 克粗蛋白质加 0.6~0.7 克甲醛溶液（36%），用水稀释 20 倍后喷雾并与饼粕混合均匀，然后用塑料薄膜密封 24 小时后打开，自然风干。

（2）锌处理。锌盐可以沉淀部分蛋白质，从而降低饲料蛋白质在瘤胃的降解。处理方法：硫酸锌溶解在水里，其比例为豆粕∶水∶硫酸锌＝1∶2∶0.03，拌匀后放置 2~3 小时，50~60℃烘干。

（3）鞣酸处理。用 1% 的鞣酸均匀地喷洒在蛋白质饲料上，混合后烘干。

（4）过瘤胃保护脂肪。许多研究表明，直接添加脂肪对反刍动物效果不好，脂肪在瘤胃中干扰微生物的活动，降低纤维消化率，影响生产性能的提高。所以应将添加的脂肪采取某种方法保护起来，形成过瘤胃保护脂肪。最常见的是脂肪酸钙产品。

（四）糊化淀粉尿素

将粉碎的高淀粉谷物饲料（玉米、高粱）70%~80%与15%~25%混合后，通过糊化机，在一定的温度、湿度和压力下进行糊化，可降低氨的释放速度，代替牛日粮中25%~35%的粗蛋白。糊化淀粉尿素粗蛋白含量60%~70%。每千克糊化淀粉尿素的蛋白质量相当于棉籽饼的2倍、豆饼的1.6倍，价格便宜。

三、青干草的加工调制

青干草是养牛的优质粗饲料，系指田间杂草、人工种植及野生的牧草或其他各类青绿饲料作物在未结籽实之前，刈割后干制而成的饲料，其质量优于农作物秸秆。制作青干草的目的与制作青贮饲料基本相同，主要是为了保存青饲料的营养成分，便于随时取用，满足牛的各种营养需要。但青饲料晒制干草后，除维生素D含量增加外，其他多数养分都比青贮有较多的损失。合理调制的干草，干物质损失量较小，绿色、叶多、气味浓香，具有良好的适口性和较高的营养价值。科学调制的青干草，含有较多的蛋白质，氨基酸比较齐全，富含胡萝卜素、维生素D、维生素E及矿物质，粗纤维的消化率也较高，是一种营养价值比较完全的基础饲料。无论对犊牛、繁殖母牛、育肥牛、成母牛都是一种理想的粗饲料。干草的粗纤维含量一般较高，为20%~30%；所含能量约为玉米的30%~50%；粗蛋白含量，豆科干草为12%~20%，禾本科干草为7%~10%；钙含量，豆科干草如苜蓿为1.2%~1.9%，而禾本科干草为左右。谷物类秸秆（包括谷草）的营养价值低于豆科干草及大部分禾本科干草。

干草是肉牛的主要粗饲料，肉牛单一采食优质青干草就能满足其生长发育的需求。所以，科学调制青干草对养牛生产十分重要。

适合调制干草的作物有豆科牧草（苜蓿、红豆草、小冠花等）、禾本科牧草（狗尾草、羊草及四边杂草等）、各类茎叶（大麦、燕麦等在茎叶青绿时刈割）。收割时要注意适时，一般选在开花期，这时单位面积产量高、营养好，也有利于青草或青绿作物下一茬生长。过早收割，干物质产量低；过迟收割，调制成的干草品质差。

四、青贮饲料的加工调制

常用的青贮饲料主要有玉米青贮饲料和玉米秸青贮。玉米青贮系指人工种植饲草玉米，在蜡熟期收获调制；而玉米秸秆青贮，即在收获籽粒或果穗后进行制作，因而又称黄贮。青贮与黄贮品质质量和饲用效果差异很大，而制作原理和方法基本一致。目前常用的青贮制作方法分为青贮窖青贮、塑料袋青贮、拉伸膜包裹青贮等，以青贮窖青贮应用最为广泛。

五、秸秆微贮饲料的加工制作

秸秆微贮饲料制作的实质就是添加剂青贮，主要是针对枯干老化的农作物秸秆，由于原料的可溶性碳水化合物遗失较多，其表面附着的乳酸菌群活力降低，为保证其制作质量，在制作过程中加入一定的人工培植的乳酸菌群，因而称作秸秆微贮。微贮饲料与黄贮饲料一样具有适口性好、制作方便、成本低廉等特点。而与黄贮饲料相比，其原料干枯老化，营养成分含量较低。但秸秆微贮，仍不失为一种污染少、效率高、利于工业化生产的粗饲料加工贮存和利用方法。

微贮饲料可以作为肉牛的主要粗饲料，饲喂时可以与其他草料搭配，也可以与精料同喂。开始时，肉牛对微贮有一个适应过程，应循序渐进，逐步增加微贮饲料的饲喂量。喂微贮料的肉牛，补喂的精饲料中不需要再加食盐。微贮饲料的日喂量，一般每头肉牛每天应控制在 5~12 千克，并搭配其他草料饲喂。

六、氨化秸秆饲料制作

秸秆氨化的主要作用在于破坏秸秆类粗饲料纤维素与木质素之间的紧密结合，使纤维素与木质素分离，达到被草食动物消化吸收的目的。同时，氨化可有效地增加秸秆饲料的粗蛋白质含量，实践证明，秸秆类粗饲料氨化后消化率可提高 20% 左右，采食量也相应提高 20% 左右。氨化后秸秆的粗蛋白质含量提高 1~1.5 倍，其适口性和牛的采食速度也会得到改善和提高，总营养价值可提高 1 倍以上，达到 0.4~0.5 个饲料单位。在集约化或规模养殖场，每头肉牛每天喂 4~6 千克氨化稻秆，3~4 千克精饲料，可获得 1~1.2 千克的日增重。因而氨化处理可以作为反刍动物生产中粗饲料的主要加工形式。

氨化设施开封后，经品质鉴定合格的氨化秸秆，需放氨 2~3 天，消除氨味后，方可饲用。放氨时，应将刚取出的秸秆放置在远离牛舍和住所的地方，以免释放出的氨气刺激人畜的呼吸道，从而影响人的健康和牛的食欲。若秸秆湿度较小，天气寒冷，通风时间应稍长，应为 3~7 天，以确保饲用安全。取喂时，应将每天计划饲喂数量的氨化秸秆于饲喂前 2~5 天取出放氨，其余的再封闭起来，以防放氨后含水量仍很高的氨化秸秆在短期内饲喂不完而发霉变质。氨化秸秆饲喂肉牛，应由少到多，少给勤添。刚开始饲喂时，可与谷草、青干草等搭配，7 天后便可全部饲喂氨化秸秆。应用氨化秸秆为主要粗饲料时，可适当搭配一些含碳水化合物较高的精饲料，并配合一定数量的矿物质和青贮饲料，以便充分发挥氨化秸秆的作用，提高利用率。如果发现动物产生轻微中毒现象，可及时灌服食醋 500~1 000毫升解毒。

第三节　肉牛规模化生态养殖的饲料配方设计

一、肉牛配合饲料

肉牛日粮是指 1 头牛一昼夜所采食的各种饲料的总量。根据肉牛饲养标准和饲料营养价值表，选取几种饲料，按一定比例相互搭配而成日粮。要求日粮中含有的能量、蛋白质等各种营养物质的数量及比例能够满足一定体重、一定阶段、一定增重的需要量，这就叫全价日粮或平衡日粮。为了使用方便，饲喂前将日粮的所有或部分原料配合在一起，就称为配合饲料。配合饲料按营养成分和用途可分类为全价配合饲料、混合饲料、浓缩饲料、精料混合料、预混合饲料等。肉牛配合饲料中各种原料所占的比例就称为配方。

二、饲料配方的方法

1. 饲料配方设计方法　　设计饲料配方是根据肉牛营养需要和饲料营养价值为肉牛设计日粮供给方案的过程，有多种计算方法可以设计饲料配方，试差法、对角线法和联立方程组法。由于设计饲料配方过程，精确度越高，计算量越大，目前多用计算机设计，可以节省配方设计计算过程，但其设计步骤基本类似。

2. 饲料配方设计的基本步骤

（1）获取肉牛信息。弄清动物的年龄、体重、生理状态、生产水平和所处生态环境，选用适当的饲养标准，查阅并计算重要养分的需要量。由于养殖场的情况千差万别，动物的生产性能各异，加上环境条件的不同，因此在选择饲养标准时不应照搬，而是在参考标准的同时，根据当地的实际情况，进行必要的调整，稳妥的方法是先进行试验，在有了一定把握的情况下再大面积推广。肉牛采食量是决定营养供给量的重要因素，虽然对采食量的预测及控制难度较大，但季节的变化及饲料中能量水平、粗纤维含量、饲料适口性等是影响采食量的主要因素，在确定供给量时一般不能忽略这些方面的影响。

（2）获取生态资源信息。根据当地生态资源，选择饲料原料。选择可利用的原料并确定其养分含量和对动物的利用率。原料的选择应是适合动物的习性并考虑其生物学效价（或有效率）。

（3）设计饲料配方。将所获取的肉牛信息和饲料资源综合处理，形成配方配制饲粮，可以用手工计算，也可以采用专门的计算机优化配方软件。①肉牛日粮配方计算的特点是：配方计算过程不是以百分含量为依据，而是以动物对各种养分每天需要量（绝对量）为基础；②配方计算项目和顺序是：采食干物质量（千克/日）-能量（千焦/日）-粗蛋白（克/日）-总磷（克/日）-钙（克/日）-食盐（克/日）-胡萝卜素（克/日）-矿物质（前五项不可颠倒）。

（4）配方质量评定。饲料配制出来以后，想弄清配制的饲料质量情况必须取样进行化学分析，并将分析结果和预期值进行对比。如果所得结果在允许误差的范围内，说明达到了饲料配制的目的。反之，如果结果在这个范围以外，说明存在问题，问题可能是出在加工过程、取样混合或配方，也可能是出在实验室。为此，送往实验室的样品应保存好，供以后参考用。

配方产品的实际饲养效果是评价配制质量的最好标准，条件较好的企业均以实际饲养效果和生产的畜产品品质作为配方质量的最终评价手段。随着社会的进步，配方产品安全性、最终的环境效应和生态效应也将作为衡量配方质量的尺度。

第九章 肉牛规模化生态养殖的 饲养管理与育肥技术

第一节 肉牛的饲养管理

肉牛的饲养方式有三种，即放牧饲养、舍饲饲养和半放牧半舍饲饲养。

一、肉牛的放牧饲养

在草原和农区的草山、草坡有丰富的牧草资源，适宜肉牛的放牧饲养。

放牧饲养的优点：放牧牛采食牧草的种类较多，营养价值较为全面，能维持肉牛的基本需要，降低饲养成本，同时可以减少舍饲劳动力和设施的开支，且放牧有利于牛增强体质、提高抗病能力、降低繁殖母牛的难产率等。

放牧饲养的缺点：由于放牧践踏草地，对牧草的利用率较低，且放牧受气候因素的影响较大，尤其是冬季牧草干枯、气候寒冷等条件下不宜放牧。

放牧牛群的规模：山区放牧肉牛群体不宜过大，一般以20~30头为宜；草原地区可以50~100头为一群。

每天放牧的时间与牧草的茂盛程度，也就是草场质量（牧草的密度、高度）以及所处的物候期密切相关，可以每天放牧7小时或全天放牧。

肉牛放牧饲养应注意的问题：

（1）在远距离草场搭建临时棚舍。不要让牛走太远的距离，以减少牛因行走而造成的能量消耗。到远离牛场的山上或草原放牧时应搭建临时牛圈，以备牛遮风挡雨和中午及夜晚休息之用。

（2）做好划区轮牧计划。做好分区轮牧和禁牧，充分利用草地资源，防止草场因过度放牧而退化；有意留一些禁牧地，以便牧草有开花结籽的机会，有利于草场更新复壮。

（3）清除草场毒草。转移到新的生长茂盛的牧地之前，应把该牧地的有毒牧草清除，如瑞香狼毒、蕨菜、洋金花等。

（4）携带急救箱，做好应急准备。出牧时应携带蛇药及常用外伤止血药、急救药，带好防雨器具。雨季放牧应避开易发山洪的地方，做好防雷电的准备。

（5）缓慢行进，杜绝事故发生。出牧和回牧都不要赶牛过急，避开陡坡、险道，避免发生滚坡事件。

（6）及时进行发情母牛的人工授精。春末夏初是牛群发情较为集中的时期，牛群放牧地应与人工授精站或交通线靠近，以便给发情母牛及时进行人工授精。利用本交自然繁殖的牛群，可按每20~30头母牛配备一头公牛的比例组群，繁殖季节过后将公母牛分开饲养。

（7）补饲食盐及矿物质。放牧牛应补喂食盐，可在饮水处附近放置食盐、舔砖等，让牛饮水前后自由舔食食盐或复合矿物质盐砖。

（8）预产牛的呵护。临近预产期的母牛，应留圈补饲，不宜放牧。带犊母牛必须母子同群放牧，切不可母牛放牧，犊牛留圈，否则母牛恋犊，不能集中精力吃草；且放牧时间长，母牛乳房内压增大，会影响乳汁分泌，不利于犊牛生长。

二、肉牛的舍饲圈养

舍饲是在圈舍内饲养肉牛的一种饲养方式，主要见于缺乏放牧条件的地区。与放牧饲养相比，舍饲可根据肉牛的生理阶段和健康状况给予不同的饲养管理，减少饲草料的浪费，同时不受气候等自然条件的影响，减少行走、气候变化的营养消耗，具有提高饲料利用率和快速育肥的优势。其缺点是需要大量饲料、设施与人力等的开支，饲养成本加大。

舍饲饲养基本方式有两种：

1. 拴系饲养　每日定时上槽拴系于槽前饲喂，饲喂后牵出拴系处于户外休息。由于牛采食、饮水、活动都需要人工管理，投工较多。

2. 围栏饲养　采用散放方式，将牛散放于牛栏中，在宽阔的牛舍内用栏杆间隔散栏，同时设立饮水槽、食槽，让牛自由采食饲草料、自由饮水、自由活动。散栏饲养可充分体现动物福利，圈中搭建简易牛棚、饲槽、草架、水槽等，保证粗饲料供应充分。肉牛的采食时间充足，饮水充分，并充分利用了肉牛的竞食性，能提高饲料利用率，充分发挥其生长发育的潜力，同时节省人工。

三、肉牛的半放牧半舍饲饲养

半放牧半舍饲是将放牧与舍饲相结合，是肉牛生产中常见的经济有效的饲养方式。半放牧半舍饲分两种情况：①放牧加补饲的形式，亦即在草场但草场牧草稀疏或面积有限的地区，采取白天放牧，归牧后补饲草料，以满足牛生长发育或圈肥的营养需要。②在不同季节采取不同的饲养方式，多在北方地区，采取夏秋季节放牧，充分利用天然草场的牧草，满足牛的营养需要，降低生产成本，而在牧草枯萎、天气寒冷的冬春季节进行舍饲管理，保证牛群的营养供给和生产性能的发挥。

两者相结合是肉牛生产的最佳方式，即根据不同季节牧草生产的数量和品质以及肉牛群的生理阶段，确定每天放牧时间的长短和在舍内饲喂的数量。一般夏秋季节各种牧草生长茂盛，放牧可以满足牛的营养需要，可以不补饲或少补饲。冬春季节牧草枯萎、数量少、质量差，放牧牛不能获得足够营养，必须补饲草料。而在冬季严寒的北方地区，牧草质量差、数量少，放牧牛群体能消耗大，仅采食牧草营养将入不敷出，因而冬春季节舍内饲养是最佳选择。

第二节　不同生理阶段肉牛的饲养

一、肉牛饲养的一般要求

饲料品种要多样化，并合理搭配，以满足肉牛生长发育、繁殖、围肥等的需要。肉牛日粮应相对稳定，进行饲料转换时要有 1 周左右的逐渐过渡期。根据季节变化和肉牛的营养体况及时调整饲料原料和供给量。饲养过程宜少喂勤添，做到既满足肉牛生长需要，又减少饲料浪费。做好肉牛群槽位的安排，做到既发挥肉牛竞争抢食的食性，又防止弱小牛吃不饱而影响生产性能的发挥。

二、妊娠母牛的饲养管理

妊娠母牛不仅本身生长发育需要营养，而且要满足胎儿生长发育的营养需要和为产后泌乳进行营养贮积。应加强妊娠母牛的饲养管理，使其能正常产犊和哺乳。妊娠的前 6 个月胎儿生长速度缓慢，胎儿重量的增加主要发生在妊娠的后 3 个月，需要从母体获得大量营养。如果母牛营养供给不足，会影响犊牛的初生重、哺乳犊牛的日增重及母牛的产后发情；营养过剩又会使母牛过胖，影响繁殖和健康，甚至导致难产。因此，妊娠母牛要求保持健康体况，一般中等膘情即可。头胎母牛尤其应该防止因胎儿过大而诱发难产。

三、围产期母牛的饲养管理

牛的围产期指临产前 15 天到分娩后 15 天。临产前 15 天称围产前期，分娩后 15 天称围产后期，围产期的饲养管理直接关系到犊牛的正常分娩、母牛健康及产后生产性能的发挥，除一般饲养管理外，应做好产前产后的护理工作。

四、哺乳母牛的饲养管理

哺乳期母牛的主要任务，一是多产乳，以保证犊牛的生长发育所需；二是促进母牛产后及早发情、配种受孕。哺乳母牛应保持中等偏上水平的体况，提高日粮营养水平，特别注意选择优质粗饲料，并根据母牛体况和饲草品质，决定精料的补充量。

哺乳母牛精料补充料参考配方：玉米 50%、麸皮 20%、饼粕类 25%、石粉 1%、磷酸氢钙 1%、微量元素预混料 1%、维生素预混料 1%、食盐 1%。350～450 千克的哺乳母牛精料补充料每天的补充量 2～3 千克。哺乳母牛的管理应注意保证运动量，提高体质，促进产后发情。规模肉牛繁育场，应实行母、犊隔离，定时合群哺乳。产后 40 天左右，开始观察母牛发情状况，及时检出发情母牛，实施人工授精。

五、犊牛的饲养管理

犊牛指初生到断乳的牛，肉犊牛一般 5～6 月龄断乳。为提高母牛的繁殖产犊率，生产中可采用 100 日龄的早期断乳。

6 月龄以前的小牛，仍然称作犊牛。

1. 初生犊牛的护理　初生期是犊牛由母体内寄生生活方式转变为独立生活方式的过渡时期。生活方式以及所处环境发生了巨大的变化。这一时期犊牛的消化器官尚未发育健全，瘤网胃只有雏形而无功能，缺乏黏液，消化道黏膜易受微生物入侵。犊牛的抗病力、对外界不良环境的抵抗力、适应性以及调节体温的能力均较差，所以新生犊牛易受各种病菌的侵袭而引起疾病甚至死亡。因而，初生期的护理工作相当重要。

2. 及早补饲草料　犊牛的消化与成年牛显著不同，初生时只有皱胃中的凝乳酶参与消化过程，胃蛋白酶作用很弱，也无微生物存在。到 3~4 月龄时，瘤胃内纤毛虫区系才完全建立。大约 2 月龄时开始反刍。传统的肉用犊牛的哺乳期一般为6 个月。而最近研究证明，早期断乳可以显著缩短母牛产后发情的间隔时间，使母牛早发情、早配种、早产犊，缩短产犊间隔，提高母牛的终生产犊量和降低生产成本。另外，由于西门塔尔改良牛产乳量高，所以在挤乳出售的情况下，实行犊牛早期断乳，可增加上市鲜乳数量，获取较大经济效益。实行犊牛早期断乳，及早补饲至关重要。早期喂给犊牛优质干草和精料，促进瘤胃微生物的繁殖，可促使瘤胃的迅速发育以及消化机能的及早形成。

从 1 周龄开始，在牛栏的草架内添入优质干草（如豆科青干草等），训练犊牛自由采食。20 日龄时开始补喂犊牛料和青绿牧草、胡萝卜等，以促进犊牛瘤网胃发育。

3. 犊牛的管理

（1）犊牛管理要做到"三勤""三净"和"四看"。

①"三勤"。即勤打扫、勤换垫草、勤观察。并做到"三观察"，即哺乳时观察食欲、运动时观察精神、扫地时观察粪便。健康犊牛一般表现机灵，眼睛明亮、耳朵竖立、被毛闪

光，否则就有生病的可能。

②"三净"。即饲料净、畜体净和工具净。

③"四看"。

a. 看食槽：犊牛没吃净食槽内的饲料就抬头慢慢走开，说明喂料量过多；如食槽底和槽壁上只留下像地图一样的料渣舔迹，说明喂料量适中；如果槽内被舔得干干净净，说明喂料量不足。

b. 看粪便：犊牛排粪量日渐增多，粪条比吃纯乳时质粗稍稠，说明喂料量正常。随着喂料量的增加，犊牛排粪时间形成新的规律，多在每天早、晚两次喂料前排便。粪块呈无数团块融在一起的叠痕，像成年牛牛粪一样油光发亮但发软。如果犊牛排出的粪便形状如粥样，说明喂料过量；如果犊牛排出的粪便像泔水一样稀，并且臀部沾有湿粪，说明喂料量太大或料水太凉。要及时调整，确保犊牛代谢正常。

c. 看食相：犊牛对固定的喂食时间 10 多天就可形成条件反射，每天一到喂食时间，犊牛就跑过来寻食，说明喂食正常。如果犊牛吃净饲料后，向饲养员徘徊张望，不肯离去，说明喂料不足。喂料时，犊牛不愿到槽前来，饲养员呼唤也不理会，说明上次喂料过多或有其他问题。

d. 看肚腹：喂食时如果犊牛腹陷很明显，不肯到槽前吃食，说明可能受凉感冒或患了伤食症；如果犊牛腹陷很明显，食欲反应也强烈，但到食槽前只是闻闻，一会儿就走开，说明饲料变换太大不适口或料水温度过高过低；如果犊牛肚腹膨大，不吃食说明上次吃食过量，可停喂一次或限制采食量。

（2）犊牛的一般管理。

①防止舔癖。犊牛与母牛要分栏饲养，定时放出哺乳。犊牛最好单栏饲养，10 周龄后就在犊牛栏内放置优质青干草，让其自由咀嚼，预防舔癖的形成。对于已形成舔癖的犊牛，可

在鼻梁前套一小木板或皮片来纠正。犊牛要有适度的运动，随母牛在牛舍附近牧场放牧，放牧时适当放慢行进速度，保证休息时间。

②做好定期消毒。冬季每月至少进行一次消毒，夏季每10天消毒一次，用苛性钠、石灰水或来苏儿对地面、墙壁、栏杆、饲槽、草架全面彻底消毒。

③称重、编号和体尺测量。称重应按育种和实际生产的需要进行，一般在初生、6月龄、周岁、第1次配种前分别称重。在犊牛称重的同时，进行编号、测量体尺、注册登记、戴耳标。

④去角。去角是为了方便管理。一般在犊牛出生后5~7天内进行。去角有两种方法。一是固体苛性钠法，二是电烙法。电烙器去角便于操作，将专用电烙器加热到一定温度后，牢牢地按压在角基部直到其角周围下部组织为古铜色为止。一般烫烙时间15~20秒。烙烫后涂抹青霉素软膏即可。

⑤去势。如果是专门生产小白牛肉，公犊牛在没有出现性特征之前就可以达到市场收购体重，因此，不需要对牛进行阉割。进行成牛育肥生产，一般小公牛3~4月龄去势。阉割牛生长速度比未阉割公牛慢15%~20%，胃脂肪沉积增加，肉质量得到改善，适于生产高档牛肉。阉割的方法可采用手术法、去势钳、锤砸法和注射法等。

六、后备母牛的饲养管理

母犊牛从出生到第一次产犊前统称为后备母牛。后备牛包括犊牛、育成牛和初孕青年牛。也可把后备牛分为犊牛和育成牛。育成牛又分为育成前期牛和育成后期牛，育成后期牛又称青年牛。

牛源紧张是肉牛产业发展的瓶颈之一，原因是生产中不重视繁殖母牛的培育，造成繁殖母牛数量少。要保证优质繁殖母牛的数量，必须重视后备母牛的培育及其饲养管理。

目前我国肉用繁殖母牛的主体是本地黄牛和杂交母牛（主要有西杂牛和夏杂牛、利杂牛等）以及少量的地方良种牛。

后备母牛的选定一般在犊牛断乳后，选择生长发育良好、体质结实的母犊牛培育繁殖母牛。

1. 后备母牛的饲养　后备母牛的消化机能基本健全，可以大量利用山坡草地的牧草或农业生产的农作物秸秆等农副产品作为基本日粮，以节约培育成本，增加经济效益。后备母牛需要一定的生长速度，在适配月龄时体重应达到成年体重的70%，即 300~350 千克。通常 18 月龄进入配种妊娠阶段，以此计算，育成阶段应保持日增重 0.6 千克以上。

放牧后备母牛的饲养，在良好的草场上放牧，可完全满足后备牛的营养需要，后备牛可分群采取围栏放牧。而在牧草稀疏的草场放牧时，要根据放牧牧草的质量和采食量，做好草料的补喂工作。必要时补饲精料补充料。配制精料补充料要根据后备母牛的营养需要和饲料原料的营养成分来进行。

后备牛瘤胃发育迅速，随着年龄的增长，瘤胃功能日趋完善，12 月龄左右接近成年牛水平。正确的饲养方法有助于瘤胃功能的完善。此阶段是牛骨骼、肌肉发育最快的时期，体型变化大。后备母牛 6~9 月龄时，卵巢上出现成熟卵泡，开始发情排卵，一般在 18 月龄左右进行配种。

为了增加消化器官的容量，促进其充分发育，后备母牛的饲料应以粗饲料和青贮料为主，精料只补充蛋白质、钙、磷等。

2. 后备母牛的管理

（1）分群。后备牛断乳后根据年龄、体重情况进行分群。

组群中年龄和体格大小应该相近，月龄差异一般不应超过 2 个月，体重差异不大于 30 千克。

（2）穿鼻。犊牛断乳后，为便于生产管理，在 7~12 月龄时根据需要适时进行穿鼻，并带上鼻环。鼻环应以不易生锈且坚固耐用的金属制成。穿鼻时应胆大心细，先将长 50~60 厘米的粗铁丝的一端磨尖，再将牛保定好，操作人员一只手的两个手指摸在鼻中隔的最薄处，另一只手持铁丝用力穿透即可。

（3）加强运动。在舍饲条件下，青年牛每天至少应有 2 小时以上的运动。母牛一般采取自由运动；在放牧条件下，运动时间足够。加强后备牛的户外运动，可使其体壮胸阔、心肺发达、食欲旺盛。如果饲喂精料过多而运动不足，容易使牛肥胖，体短、肉厚、个子小，早熟早衰，利用年限缩短。

（4）刷拭和调教。为了保持牛体清洁，促进皮肤代谢和养成温驯的气质，每天应给后备母牛刷拭 1~2 次，每次 5~10 分钟，对后备母牛性情的培育是非常有益的。

（5）制订生长计划。根据肉牛不同品种和年龄的生长发育特点及饲草、饲料供应状况，确定不同日龄牛的日增重幅度，制订出生长计划，使其在适配月龄时体重达到成年体重的 70% 左右。

（6）青年母牛的初次配种。青年母牛何时初次配种，应根据母牛的年龄和发育情况而定。一般 18 月龄时开始初配。

（7）放牧管理。采用放牧饲养时，要严格把公牛分出单放，以避免偷配而影响牛群质量。对周岁内的小牛宜近牧或放牧于较好的草地上。冬、春季应采用舍饲。

第三节　肉牛规模化生态养殖的育肥技术

肉牛育肥是以获得较高的日增重、优质牛肉和取得最大经济效益为目标的饲养方式。随着对反刍动物营养研究的不断深入和饲料工业化的不断发展，肉牛的日增重、饲料转化率不断提高，出栏年龄也逐渐提前，牛肉品质不断提高。特别是国民经济收入迅猛增长、健康营养消费意识日益增强，中高端牛肉的市场需求与日俱增，使肉牛育肥成为肉牛生产的关键环节。肉牛育肥的实质，就是通过给肉牛创造适宜的管理条件、提供丰富的日粮营养，以期在较短的时间内获取较大的日增重和更多的优质牛肉，在繁荣市场供给的基础上，获取肉牛产业巨大的经济效益。

一、犊牛的育肥或犊牛肉生产

犊牛育肥即指用较多数量的牛乳饲喂犊牛，并把哺乳期延长到 4~7 月龄，断乳后屠宰。因犊牛年幼，其肉质细嫩，肉色全白或稍带浅粉色，味道鲜美，带有乳香气味，故有"小白牛肉"之称，其价格高出一般牛肉 8~10 倍。在国外，牛乳生产过剩的国家，常用廉价牛乳生产这种牛肉。在我国，进行小白牛肉生产，可满足星级宾馆饭店对高档牛肉的需要，是一项具有广阔发展前景的产业。

（一）犊牛在育肥期的营养供给

犊牛育肥时由于其前胃正在发育，消化能力尚不健全，对营养物质的要求也就更为严格。犊牛初生期所需蛋白质全为真蛋白质，肥育后期日粮中真蛋白质也应占粗蛋白质的 90% 以上，消化率应达 87% 以上。

（二）犊牛育肥方法

优良肉用品种、肉乳兼用和乳肉兼用品种的犊牛，均可采用这种育肥方法生产优质牛肉。但由于代谢类型和习性的不同，乳用品种犊牛在育肥期较肉用品种犊牛的营养需要约高

10%。才能取得相同的增重。

1. 高档小白牛肉生产　初生犊牛采用随母哺乳或人工哺乳方法饲养，保证及早和充分吃到初乳，3 天后完全人工哺乳，4 周前每天按体重的 10%~12%喂乳，5~10 周龄喂乳量为体重的 11%，10 周龄后喂乳量为体重的 8%~9%。单纯以牛乳作为日粮，在犊牛幼龄期只要认真注意牛乳的消毒、温度，特别是喂乳速度等，犊牛不会就出现消化不良问题。但犊牛 15 周龄之后由于瘤胃发育、食管沟闭合不如幼龄，所以喂乳速度必须要慢。从开始人工喂乳到出栏，喂乳容器的外形与颜色必须一致，以强化食管沟的闭合反射。发现犊牛粪便异常时，可减少喂乳，掌握好喂乳速度；恢复正常时，逐渐恢复喂乳量。可在乳中加入抗生素以抑制和治疗痢疾，但出栏前 5 天必须停止添加抗生素，以免肉中存在抗生素残留，5 周龄以后采取栓系饲养。

2. 优质小白牛肉生产　单纯用牛乳生产"小白牛肉"成本太高，可用代乳料饲喂 2 月龄以上的育肥犊牛，以节省成本。但用代乳料会使肌肉颜色变深，所以代乳料必须选用含铁量低的原料，并注意粉碎的细度。犊牛消化道中缺乏蔗糖酶，淀粉酶量少且活性低，故应减少谷物用量，所用谷物最好经膨化处理，以提高消化率，减少腹泻等消化不良发生。选用经乳化的油脂，以乳化肉牛脂肪（经 135 ℃以上灭菌）效果为佳。代乳料最好煮成粥状（含水 80%~85%），降温至 40℃饲喂。出现腹泻或消化不良，可加喂多酶、淀粉酶等治疗，同时适当减少喂量。用代乳料增重效果不如全乳。

育肥期间每日喂 3 次，自由饮水，夏季饮凉水，冬春季饮温水（20℃左右）；严格控制喂乳速度、乳的卫生及乳的温度等，以防发生消化不良；若发生消化不良，可酌情减少喂料量并给予药物治疗。让犊牛充分晒太阳及运动，若无条件要每天补充维生素 D 500~1 000国际单位。5 周龄后拴系饲养，尽量减少运动。做好防暑保温工作，经 180~200 天的育肥期，体重达到 250 千克时出栏。因出栏体重小，提供净肉少，成本较高，但市场价格昂贵。

二、育成牛的育肥

处于强烈生长发育阶段的育成牛，只要进行合理的饲养管理，就可以生产大量仅次于"小白牛肉"的品质优良、成本较低的"小牛肉"。

1. 幼龄牛强度育肥　周岁出栏所产的牛肉也称犊牛肉。犊牛断乳后立即育肥，在育肥期给予高营养，使日增重保持在 1.2 千克以上，周岁体重达 400 千克以上，结束育肥。

育肥时采用舍饲拴系饲养，不可放牧，因放牧行走消耗营养多，日增重难以超过 1 千克。定量喂给育肥牛精料和主要辅助饲料，粗饲料不限量，自由饮水，尽量减少运动，保持环境安静。育肥期间每月称重，根据体重变化调整日粮，气温低于 0℃或高于 25℃时，气温每升高降低 5℃，应加喂 10%的精料。公牛不必去势，利用公牛增重快、省饲料的特点获得更好的经济效益，但应远离母牛，以免被异性干扰降低其育肥效果。若用育成母牛育肥，日料需要量较公牛增加 20%左右，才能获得相同日增重。

对乳用品种育成公牛进行强度育肥时，可以得到更大的日增重和出栏重。但乳用品种牛的代谢类型不同于肉用品种牛，所以每千克增重所需精料量较肉用品种牛高 10%以上，并且必须在高日增重下，牛的膘情才能改善（即日增重应达 1.2 千克以上）。

用强度育肥法生产的牛肉，肉质鲜嫩，而且成本较育肥犊牛低，每头牛提供的牛肉比育肥犊牛增加 15%，是经济效益最大、应用最广泛的一种育肥方法。但此法精料消耗多，只宜在饲草资源丰富的地区应用。

2. 18~30 月龄出栏牛育肥　将犊牛自然哺乳至断乳，接着充分利用青草及农副产品饲喂到 14~20 月龄，体重达到 250 千克以上开始育肥。进行 4~6 个月的育肥，体重达到 500~600 千克时出栏。育肥前利用廉价饲草使牛的骨架和消化器官得到较充分的发育，进入育肥期后，对饲草料品质的要求较低，从而使育肥费用减少，其每头牛提供的肉量较多，这一方法是目前生产上用得较多、适应范围较广、粮食用量较少、经济效益较好的一种育肥方法。

育成牛育肥可采用舍饲与放牧两种方法，放牧时利用小围栏全天放牧，就地饮水和补料效果较好，避免放牧行走消耗营养而使日增重降低。放牧回圈后不要立即补料，待数小时后再补料，以免减少采食量。气温高于 30℃时可早晚和夜间放牧。舍饲育肥以每日喂 3 次效果较好，饲养管理与周岁内强度育肥法相同。

三、成年牛的育肥

用于育肥的成年牛大多是役牛、奶牛和肉用母牛群中的淘汰牛，一般年龄较大、产肉率低、肉质差，经过育肥，使肌肉之间和肌纤维之间脂肪增加，肉的味道改善，并由于迅速增重，肌纤维、肌肉束迅速膨大，使已形成的结缔组织网状交联松开，肉质明显变嫩，经济价值提高。

（一）成年牛育肥期营养供给

成年牛已停止生长发育，其育肥主要是增加脂肪的沉积，需要能量充足，其他营养物质用来满足维持基本生命活动的需要以及恢复肌肉等组织器官最佳状态的需要。所以除能量外，其他营养物质需要略少于育成牛。乳用品种牛相同增重情况需要增加 10% 左右的营养。在同等条件下，母牛能量给量应高于公牛 10% 以上，阉割牛则高 5%～10%。

（二）成年牛的育肥方法

育肥前应对牛进行全面健康检查，病牛均应治愈后育肥；过老、采食困难的牛不要育肥；公牛应在育肥前 10 天去势，母牛应在配种产犊后立即育肥。成年牛育肥期以 3 个月左右为宜，不宜过长，因其体内沉积脂肪能力有限，满膘后就不会增重，应根据牛膘情灵活掌握育肥期长短。膘情较差的牛，先用低营养日粮使其增重，过一段时间后调整日粮到高营养水平，然后再育肥。育肥期内应按增膘程度调整日粮、延长育肥期或提前结束育肥。生产实际中，在恢复膘情期间（即育肥第一个月）往往增重很高，饲料转化效率较正常高得多。有草坡的地方可先放牧育肥 1～2 个月，再舍饲育肥 1 个月。

第四节　肉牛常规育肥技术

肉牛常规育肥的生产技术流程为：育肥牛只的选择→牛只的转运→育肥前的准备（适应期）→育肥→出栏。

一、育肥牛只的选择

牛的育肥效果与其品种、性别、年龄、体重、体型外貌等息息相关。生产中应综合考虑上述因素以筛选出育肥潜力大的牛只。

（1）品种。杂交改良牛优于地方牛。西门塔尔牛、夏洛来牛、利木赞牛等与我国黄牛的杂交牛都是很好的育肥品种，其生长速度一般比地方牛高 30% 以上，屠宰率可达 55%。荷斯坦奶牛的公犊也是理想的育肥牛源。

如选择地方牛品种育肥，则以秦川牛、南阳牛、鲁西牛、晋南牛、延边牛等较好。其生长速度不快，但肉的风味好。

（2）性别。公牛优于母牛。公牛比母牛有更快的生长速度和更高的饲料转化率。公牛去势后（称为阉割牛），生长速度和饲料转化率均有所下降，幅度达 8.7% 和 12%。但阉割牛易管理，肌肉间脂肪易沉积，风味好，更适宜高档牛肉的生产。

生产中，公牛一般采用不去势育肥，以充分发挥生长快的优势，但屠宰年龄不宜超过 2 岁，以免影响肉的质量。如进行高档牛肉的生产，则通常选择阉割牛。

（3）年龄。幼龄牛育肥增重快，饲料转化率高，肉质量好。成年牛育肥增重慢，以沉积脂肪为主，饲料转化率低，肉质量差。所以最好选择 1~2 岁的牛进行育肥，以不超过 3 岁为好。

（4）体重。一般认为，在同一年龄阶段，体重越大、体况越好，育肥时间就越短，育肥效果也就越好。一般选择体重 250 千克以上的肉牛育肥效益最高。

（5）体型结构。育肥牛选择要以骨架选择为重点，而不要过于强调其膘情的好坏。实践证明，牛头重、长宽，蹄重，胸深、宽，臀部宽等，是增重速度快的重要标志。肉牛皮肤松弛、弹性大，"一抓一大把"，皮毛柔软密实，生长潜力大。

（6）健康状况。牛的精神、采食、排便、反刍等情况正常，剔除年老、体弱、有严重消化器官疾病或其他疾病的个体，以免浪费饲料，徒劳无益。身体虽有一定缺陷，但不影响其采食，消化正常，也可用于育肥生产。相反，发育虽好，但性情暴燥、富有神经质的牛，饲料转化率低，不宜入选。

二、育肥前的准备

育肥牛只引入之前，应准备好房舍、储备好草料，彻底消毒牛舍。牛只进入育肥场后，一般需要经过 15～20 天的适应期，以解除运输应激，使其尽快适应新的环境。驱虫、健胃、免疫是工作重点。

这段时间的调整很重要，对于由于应激反应大甚至出现疾病不能及时恢复、治疗难度大的个体，应尽早淘汰。适应期内的主要工作包括：

（1）及时补水。这是新引进牛只到场后的首要工作，因为经过长距离、长时间的运输，牛体内缺水严重。补水方法是：第 1 次补水，饮水量限制在 15 千克以下，切忌暴饮；间隔 3 小时后，第 2 次饮水，此时可自由饮水。在饮水中掺少许食盐或人工盐，可促进唾液、胃液分泌，刺激胃肠蠕动，提高消化效果。

（2）日粮逐渐过渡到育肥日粮。开始时，只限量饲喂一些优质干草，每头牛 4～5 千克，加强观察，检查是否有厌食、下痢等症状。翌日起，随着食欲的增加，逐渐增加干草喂量，添加青贮、块根类饲料和精饲料，经 5～6 天后，可逐渐过渡到育肥日粮。

（3）给牛创造舒适的环境。牛舍要干净、干燥，不要立即拴系，宜自由采食。围栏内要铺垫草，保持环境安静，让牛尽快消除疲倦或烦躁情绪。

（4）每天检查牛群健康状况。重点观察牛的精神、食欲、粪便、反刍等状态，发现异常情况及时处理。

（5）分组、编号。根据牛的品种、大小、体重、采食特性、性情、性别等相同或相似者将其分为一群，以便确定营养标准，合理配制日粮，提高育肥效果；同时给每个个体重新编号（最简单的编号方法是耳标法），以便于管理和测定育肥成绩。

（6）驱虫。在育肥前 7～10 天，可视情况应用丙硫咪唑、左旋咪唑、伊维菌素和阿维菌素等对即将育肥的牛群进行一次性彻底驱虫，以提高饲料转化率。

（7）健胃。驱虫 3 天后进行。可口服人工盐 50~150 克或食盐 20~50 克／（头·天）。

（8）免疫、检疫。免疫主要针对口蹄疫，检疫主要针对布鲁氏菌病和结核病。这些工作什么时间进行，具体需要哪些疫病的免疫和检疫，由当地兽医主管部门结合购牛时的记录进行确定并执行。畜主在购牛后要及时告知当地兽医部门。

（9）去势。成年公牛于育肥前 10~15 天去势。性成熟前（1 岁左右）屠宰的牛可不去势育肥。若去势则应及早进行。

（10）称重。牛在育肥开始前要称重（空腹进行），以后每隔 1 个月称重 1 次，依此测出牛的阶段育肥效果，并可确定牛的出栏时间。

三、育肥方法

牛的育肥年龄不同，育肥牛肉产品不同，其育肥方法也有区别。

（1）强度育肥。也称持续育肥，是指犊牛断乳后直接进入育肥期，直到出栏。这是当前发达国家肉牛育肥的主要方式。

这种方式由于充分利用了幼牛生长快的特点，饲料转化率高，肉质好，可提供优质高档分割牛肉。育肥过程中，给予肉牛足够的营养，精料所占比重通常为体重的 1%~1.5%；生长速度尽可能的快，平均日增重 1 千克以上；生产周期短，出栏年龄在 1~1.5 岁。采取该种方式育肥肉牛需要的条件：牛肉行情好；精饲料资源丰富，价格低；具有良好的保温设施。

（2）架子牛育肥。这是当前我国肉牛育肥的主要方式。

架子牛是指没有经过育肥或经过育肥但尚没有达到屠宰体

况（包括重量、肥度等）的牛。这些牛通常从草场被选购到育肥场进行育肥。

按照年龄分类，架子牛分为犊牛、1岁牛和2岁牛。年龄在1岁之内，称为犊牛；1~2岁的称为1岁牛；2~3岁称为2岁牛。3岁及以上，统称为成年牛，很少用作架子牛。

吊架子期，主要是各器官的生长发育和长骨架，不要求有过高的增重；在屠宰前3~6个月，给予较高营养，集中育肥后屠宰上市。这种方式，虽然拉长了饲养期，但可充分利用牧场放牧资源，节约精料。

为降低饲养成本，育肥饲料应尽可能使用玉米青贮、各类糟渣及玉米胚芽粕、DDGS（玉米酒糟及可溶物，脱水）等谷物加工的副产品。

（3）成年牛育肥。主要是淘汰奶牛、繁殖母牛的育肥。这类牛一般体况不佳，不经育肥直接屠宰时产肉率低，肉质差；经短期集中育肥，不仅可提高屠宰率、产肉量，而且可以改善肉的品质和风味。

由于成年牛已基本停止生长发育，故其育肥主要是恢复肌肉组织的重量和体积，并在其间沉积脂肪，到满膘时就不会再增重，故其育肥期不宜过长，一般控制在3个月左右。其育肥周期短，资金周转快，但肉质较差，饲料转化率低。

四、育肥牛的管理

俗话说"三分喂养，七分管理"，搞好管理工作有助于肉牛育肥性能发挥，起到事半功倍的效果。

（1）饲喂时间。牛在黎明和黄昏前后是每天采食最紧张的时刻，尤其是在黄昏采食频率最大。因此，早晚是喂牛的最佳时间。多数牛的反刍在夜间进行，特别是天刚黑时，反刍活动最为活跃，所以在夜间应尽量减少干扰，以使其充分消化粗料。

（2）饲喂次数。自由采食的饲喂效果均优于定时定量饲喂；定时定量饲喂时，无论是增重还是饲料转化率，每天饲喂1次的效果均最理想。目前，我国肉牛企业多采用每天饲喂2次的方法。

（3）饲喂顺序。随着饲喂机械化程度越来越高，应推广TMR（全混合日粮）喂牛，提高牛的采食量和饲料转化率。

不具备条件的牛场，可采用分开饲喂的方法，为保持牛的旺盛食欲，促使其多采食，应遵循"先干后湿、先粗后精、先喂后饮"的饲喂顺序，坚持少喂勤添、交叉上料。同时，要认真观察牛的食欲、消化等方面的变化，及时做出调整。

（4）每天观察牛群，预防下痢。重点看牛的采食、饮水、粪尿、反刍、精神状态是否正常，发现异常立即处理。大量饲喂如青贮饲料等酸性大的饲料时，易引起牛的下痢，生产中应特别注意。

（5）经常刷拭牛体。每天至少刷拭牛体1次，以保持牛体清洁，促进牛体表面血液循环，增强牛体代谢，有利于增重，还可以有效预防体外寄生虫病发生。

（6）限制运动。到育肥中、后期，每次喂完后，将牛拴系在短木桩或休息栏内，缰绳系短，长度以牛能卧下为宜，缰绳长度一般不超过80厘米，以减少牛的活动消耗。此期主要是让牛晒太阳、呼吸新鲜空气。

（7）定期称重。育肥期最好每月称重1次，以帮助了解育肥效果，并据此对育肥效果不理想或育肥完成的牛只及时做出处理。

（8）定期做好驱虫、防疫工作。制定牛场的寄生虫和传染病防控程序，定期进行。

第十章　肉牛规模化生态养殖中的疾病防治技术

第一节　疫病防控措施

一、肉牛场的检疫、隔离和封锁

集约化育肥肉牛饲养的特点是规模大、密度高，生长快，效益好，因此得到了迅速地发展，但同时也存在着疫病多、传播快、控制难、风险大，使养牛业面临威胁。一个肉牛养殖场若不能有效地控制疫病流行，而不断被各种疫病所困扰，则会使牛场的经济效益受到严重影响。

肉牛养殖场的疫病按现代的动物医学技术水平是完全可以控制的。要制定好一个切实有效的防疫程序，必须与各牛场的性质、规模、经济和技术水平等具体条件相结合，为此本文介绍牛场防疫卫生工作的一般原则。

（一）检疫

就是应用各种诊断方法对肉牛进行疫病检查，在收购、交易、运输、饲养、屠宰过程中，可通过检疫及时发现病牛，并采取相应措施，防止疫病的发生和传播，这是一项重要的防疫措施。从广义上讲，检疫是由专门的机构来执行的，并以法规为依据，本文指的是牛场内部的检疫，是以保护本场牛群的健康为出发点做好以下几方面的检疫工作：①种牛要定期进行检疫，对垂直传播的疾病如蓝舌病、布氏病、结核病、副结核病、传染性鼻气管炎、黏膜病、白血病、钩端螺旋体病和焦虫病等 13 种疾病呈阳性反应者，一律不得作为种用。②若从外地引进种牛，必须了解产地的疫情和饲养管理情况，要求无垂直传播的疾病，对于种牛要监督并按规程接种好各种疫苗。③育肥牛场要定期采血抽样进行慢性疫病监测，特别要做好牛结核病和布鲁氏菌病等的检测，发现病例及时淘汰。④对牛的饮用水、饲草和饲料进行细菌学检查，若存在细菌含量超标或污染病原菌等有害因素则不得使用。

（二）隔离

通过各种检疫的方法和手段，将病牛和健康牛分开，分别饲养，其目的为了控制传染源，防止疫情继续扩大，以便将疫情限制在最小的范围内就地扑灭，同时也便于对病的治疗和对健康牛开展紧急免疫接种等防疫措施。隔离的方法根据疫情和牛场的具体条件不同而有别，一般可划分为三类，应区别对待。

（1）病牛。包括有典型症状或类似症状，或经其他特殊检查阳性的牛是危险的传染源，若是烈性传染病，应根据有关规程条例规定认真处理。若是一般疾病则进行隔离，少量病牛应将病牛剔出隔离，若是数量较多，则将病牛留在原舍，对可疑感染牛进行隔离。

（2）可疑感染牛。未发现任何症状，但与病牛同舍或有过明显的接触，可能有的已处于潜伏期，也要隔离，进行药物防治或其他紧急防疫措施。

（3）假定健康牛。除上述两类外，牛场内其他牛只均属假定健康牛，也要注意隔离，加强消毒，进行各种紧急防疫措施。

（三）封锁

当牛场暴发某些重要的烈性传染病时，如口蹄疫、炭疽和狂犬病等应严格进行封锁，限制人、动物和其他产品进出牛场，对牛群进行无害化处理，环境彻底消毒。

以上是对一般牛场而言，若是大型牛场或种牛场即使在无疫病流行的情况下，平时也应处于严密的封锁和与外界隔离状态。

二、肉牛场的消毒

消毒的目的是消灭传染源污染在外界环境中的病原微生物，它通过切断传播途径，预防传染病的发生并阻止传染病继续蔓延，是一项重要的防疫措施。

（一）消毒的种类

1. 预防性消毒　指结合平时的饲养管理对可能受病原体污染的牛舍、场地、用具和饮水等进行消毒，预防性消毒的内容广泛，消毒对象多种多样，如牛场进出口的人和车辆的消毒，牛群全出后的牛舍消毒，饮水消毒等。

2. 疫源地消毒　指对当地存在或曾经发生过传染病的疫区进行的消毒。其目的是杀灭由传染源排出的病原体，根据实施消毒的时间不同，可分为随时消毒和终末消毒。

（1）随时消毒。指疫源地内有传染源存在时实施的消毒措施，消毒对象是病牛或带菌（毒）牛的排泄物、分泌物，以及被它们污染的厩舍、场地、用具和物品等，其特点是需要多次反复进行。

（2）终末消毒。指被烈性传染病感染的牛群已死亡，淘汰或全部处理后，已消灭了传染源，对牛场内外环境和用具进行一次全面的、彻底的大消毒。

（二）消毒的方法

1. 喷雾消毒　即将消毒药配制成一定浓度的溶液，用喷雾器对需要消毒的地方进行喷洒消毒。此方法方便易行，大部分化学消毒药都用此法。消毒药液的浓度按各药物的说明书配制。消毒液的用量，按消毒对象的性质不同而有差别，参考剂量如表 10-1 所示。

表 10-1　不同消毒对象所需消毒药液的用量

消毒对象	消毒液的用量（毫升/平方米）
木质建筑物	50 ~70
砖质建筑物	70 ~80
混凝土的表面	60 ~80
黏土砖的建筑物	90 ~100
土地、运动场地	100~300

2. 熏蒸消毒　适用于小型饲养户，能密封的牛舍。常用福尔马林配合高锰酸钾等进行熏蒸消毒，此法的优点是熏蒸药物能分布到各个角落，消毒全面省工省力，但要求牛舍密闭，消毒后有较浓的刺激性气味，牛舍需通风 7 天。

具体操作时应注意消毒时，室内温度保持在 17~18℃，舍内的用具等都应开启，以便气体通过，盛福尔马林的容器不得放在地面上，必须悬吊在空中。药品的用量是：每立方米空间应用福尔马林 25 毫升，自来水 12.5 毫升，高锰酸钾 25 克。计算好用量，将水与福尔马林混合，倒入容器内，关闭牛舍门窗，然后将高锰酸钾倒入，立即有棕色的烟雾蒸发出来，经过 24~36 小时后方可将门窗打开通风。

（三）消毒时应注意的问题

（1）清空。大消毒前应把全部牛清理出去。

（2）清扫。机械清扫是搞好消毒工作的前提，试验结果表明：用清扫的方法可使牛舍的细菌减少21.5%，如果清扫后再用清水冲洗，则牛舍内细菌能再减少50%左右，清扫冲洗后再用药物消毒，牛舍内的细菌数即减少90%。

（3）消毒药。影响消毒药作用的因素很多，一般来讲消毒药的浓度、温度及作用时间等与消毒效果成正比，即浓度越大，温度越高，作用时间越长，其消毒效果越好。

（4）用法。每种消毒药的消毒方法和浓度应按说明书配制，对于某些有挥发性的消毒药，应注意保存方法。

（5）注意事项。有些消毒药具有挥发性气味，如福尔马林等，有些消毒药对人及牛的皮肤有刺激作用如苛性钠等，因此消毒后不能立即进牛，需作无害化处理后再进牛。

（6）药效。几种消毒药不能混用，以免影响药效。但在同一消毒场所，几种消毒药可以先后使用，以提高消毒效果。

（7）测定。有条件的牛场应对消毒药的消毒效果进行细菌学的测定。

（四）几种常用的消毒药

在牛场的防疫实践中，常用化学药品的溶液进行消毒。化学消毒的效果与许多因素有关，例如病原体抵抗力的特点，所处环境的情况和性质，消毒时的温度、药剂的浓度、作用时间的长短等。在选择化学消毒剂时应选择消毒力强、对人和牛的毒性小、不损害被消毒物体、易溶于水、在消毒的环境中比较稳定、价廉易得和使用方便等。

根据化学消毒剂对蛋白质的作用，主要分为以下四类：

第一类，凝固蛋白质类的化学消毒剂，如酚类及其衍生物、醇和酸等；

第二类，溶解蛋白质的类化学消毒剂，如氢氧化钠、石灰等；

第三类，氧化蛋白质类的化学消毒剂，如漂白粉、氯化铵、过氧乙酸等；

第四类，阳离子及其他类化学消毒剂，如福尔马林、戊二醛、环氧乙烷等。

以上各类消毒药都有其特点，牛场可按实际情况选择使用，现介绍几种常用消毒药：

（1）酚类溶液。由于带有苯环有一定的致癌性，现已不用，故不做介绍。

（2）氢氧化钠。又称苛性钠、烧碱。本品对细菌、病毒都有强大的杀灭力，且能溶解蛋白质。易吸水而潮解，故应密闭保存。对组织、金属和纺织品都有腐蚀作用，消毒后要用水冲洗饲槽、地面，方可进牛。常用 2%~3% 的水溶液喷洒消毒或作为牛场进出口的消毒池用药。

（3）过氧乙酸。本品为无色透明的液体，易溶于水和有机溶剂，具有弱酸性，易挥发，有刺激性气味，并带有醋酸味，高浓度遇热易爆炸，宜用稀释液现配现用。本品的杀菌作用快而强，抗菌谱广，对细菌、霉菌和芽孢均有效，对组织有刺激性、腐蚀性，可用于牛舍、场地等环境的消毒，对牛和人无害。市售浓度多为 20% 左右。用 0.5% 溶液喷洒消毒牛舍、饲槽、车辆等；0.04%~0.2% 溶液用于玻璃、搪瓷和橡胶制品等的浸泡消毒；5% 溶液喷雾消毒实验室、无菌室、仓库等。

（4）漂白粉。本品为白色颗粒粉末，有氯臭，主要成分为次氯酸钙，遇水产生次氯酸，而次氯酸又可放出活性氯和初生态氧，呈现杀菌作用，能杀灭细菌、芽孢、病毒及真菌。消毒作用强，但不持久。酸性环境杀菌作用强，主要用于厩舍、畜栏、饲槽、车辆等的消毒。漂白粉过久暴露空气中吸收水分分解。用 5%~20% 混悬液喷洒或干粉末撒布，0.1% 的水溶液可用于饮水消毒。本品应保存于密闭、干燥的容器中，放于阴凉通风处。

（5）福尔马林。含甲醛 36%~40% 的水溶液，正常情况下为无色透明的液体，有刺激性臭味，能与水或乙醇任意混溶。

放置在冷处（9℃以下），因聚合作用而浑浊。常加入 10% 的甲醇或乙醇可防止甲醛的聚合变性。其杀菌作用认为甲醛与微生物蛋白质结合，引起蛋白质变性具有强大广谱杀菌作用，对细菌、芽孢、真菌和病毒均有杀灭作用。5% 甲醛酒精溶液，可用于术部消毒；10% 的甲醛溶液可用于治疗蹄叉腐烂；4%～8% 的甲醛溶液可作喷雾、浸泡消毒、也可作熏蒸消毒；2%～4% 的水溶液可用于喷洒墙壁、地面、饲槽等；1% 的水溶液可用于牛体表消毒。熏蒸消毒时本品用量为 25 毫升/米³空间。

（6）高锰酸钾。本品为黑紫色结晶粉末，无臭，易溶于水呈粉红色。高锰酸钾是一种强氧化剂，在酸性环境中杀菌作用增强。高锰酸钾还原后所生成的二氧化锰，能与蛋白质结合成蛋白质盐类复合物，故有收敛、止泻作用。0.1% 的溶液能杀死多数繁殖型细菌，内服 0.1% 的高锰酸钾溶液可治疗急性肠胃炎、腹泻等，还可用于氰化物中毒时洗胃，治疗毒蛇咬伤等；外用冲洗黏膜及创伤、溃疡等。此外常利用高锰酸钾的氧化性能加速福尔马林蒸发而起到空气消毒作用，还有防腐、防臭的功能。

（7）新洁尔灭。属季铵盐类阳离子表面活性剂，呈胶状液体，水溶液为碱性。同样性质和作用的有洗必泰、消毒净、度米芬、创必龙等，都有毒性低、性质稳定、消毒对象范围广的特点，对一般病原菌都有强大的杀灭作用，除结核杆菌、霉菌和炭疽芽孢外。0.1%～0.5% 的水溶液用于黏膜（阴道、膀胱等）及深部感染伤口的冲洗；0.1% 的水溶液用于浸泡器械、玻璃、搪瓷、橡胶制品等的消毒，也可用于皮肤消毒；0.15%～2.0% 水溶液用于牛舍内喷雾消毒。

（8）百毒杀。百毒杀是一种季铵盐类阳离子表面活性消毒剂，其特点是以两条石蜡长链取代两个甲基基团，再结合杀菌力强的溴原子代替氯原子，使杀菌力倍增。本品消毒对象的范围广，适用于牛舍、环境和饮水消毒。5 000倍稀释，可用于或定期用于饮水消毒，有防霉、除臭等功效；2 000倍稀释，用于牛舍、环境、饲槽、器具消毒。

（9）抗毒威消毒剂。一种以二氯异氢尿酸钠为主的复方消毒剂，呈白色粉剂，易溶于水，性能稳定，对细菌繁殖体、芽孢、病毒、真菌孢子均有较强的杀灭作用，是一种新型、广谱、高效、迅速、安全的新产品。0.5%~1%溶液可杀灭细菌病毒；5%~10%溶液可杀灭芽孢，用于牛舍环境的喷洒消毒，喷洒浓度为400倍稀释；干粉可消毒粪便，用量为粪便的1/5。

第二节　肉牛常见传染病的防治技术

一、炭疽

（一）致病原因

炭疽是由炭疽杆菌引起的一种人、畜共患的急性、热性、败血性传染病。该病常为散发，但传播面很广，尤其是放牧的牛容易感染炭疽。

（二）主要症状

以突然发病、高热不退、呼吸困难、濒死期天然孔出血为主要临床特征。其病变特点是局部突发肿胀，初热痛，后凉，而后无痛，最后形成楔形坏死（疗）；脾脏显著肿大，皮下结缔组织及浆膜出血性浸润；血液凝固不良呈煤焦油状，尸僵不全，天然孔出血。

（三）治疗方法

对病牛及可疑病牛要严格隔离。死亡的病牛尸体严禁解剖检疫和食用。尸体要深埋或者火化。病牛用过的栏舍和用具都要用10%的烧碱水、20%的漂白粉溶液或者20%的石灰水进行消毒。急性和最急性病例因病程短往往来不及治疗。对于早期病例和较少见的局部炭疽，大剂量的青霉素和四环素是有效的，同时应用抗炭疽血清注射效果更佳，连续用药3天以上。

（四）预防措施

一旦发现偶发散在病例，要本着"控制蔓延扩散，力争就地扑灭"的原则，首先向主管部门报告疫情，由政府机关划定疫区，疫点封锁隔离。将炭疽患牛尸体用不透水的容器包装，到指定地点销毁，禁止活牛运输交易。同群牛逐头测温，凡体温升高的可疑患牛用青霉素或抗炭疽血清注射，或二者同时应用以防止病情进一步发展。对病死牛污染的场地、用具，要进行彻底有效的消毒。垫料、粪便等要焚毁；病死牛躺卧的地面应将20厘米的表层土挖出，与20%漂白粉混合后深埋。有关人员除做防护外，必要时可注射青霉素预防。对同群牛及周边3千米以内的易感家畜，用无毒炭疽芽孢苗免疫注射。

每年春末夏初注射一次炭疽无毒芽孢苗，成年牛1毫升，犊牛0.5毫升。或用Ⅱ号炭疽芽孢苗皮下注射，不论大小牛一律1毫升。免疫期一年。不满1个月的幼牛，妊娠期最后2个月的母牛，瘦弱、发热及其他病牛不宜注射。

二、布鲁氏菌病

（一）致病原因

布鲁氏菌病是由布鲁氏菌引起的人、畜共患的接触性传染病。

（二）主要症状

主要特征是侵害生殖系统，临床上表现为母牛发生流产和不孕，公牛发生睾丸炎、附睾炎和不育，又称为传染性流产。潜伏期为 2 周至 6 个月，母牛最显著的症状就是发生流产，且多发生于妊娠后期，当该病原体进入牛群时会暴发流产，产出死胎或弱胎，流产后多伴有胎衣不下、子宫内膜炎、阴道不断流出污脏的、棕红色或灰白色的恶露，甚至子宫蓄脓等。公牛主要发生睾丸炎和附睾炎，肿大，触之疼痛坚硬，有时可见阴茎潮红肿胀，长期发热、关节炎等，并失去配种能力。

（三）治疗方法

一般对病牛作淘汰处理。病原菌主要在细胞内繁殖，抗菌药和抗体不易进入，试验性治疗感染牛可用四环素或氯霉素药物与链霉素联合用药，给予治疗。

（四）预防措施

该病坚持预防为主的原则，采取常年预防免疫注射、检疫、隔离、扑杀淘汰阳性牛的综合性预防措施，控制和消灭传染源，切断传播途径，保护易感牛群。

（1）加强健康牛群的饲养管理，增强抵抗力。

（2）坚持自繁自养，培育健康牛群，禁止从疫区引进牛，禁止到疫区内放牧。必须引进种牛或补充牛群时，要严格执行检疫，对新进牛应隔离 2 个月，进行 2 次检疫，检疫均为阴性后才能混群。健康的牛群，应定期检疫（至少一年一次），一经发现，应立即淘汰。

（3）牛群中如果发现流产，除隔离流产牛和消毒环境及流产胎儿、胎衣外，应尽快作出诊断。确诊为布鲁氏菌病或在牛群检疫中发现本病，均应采取措施，将其消灭。消灭布鲁氏菌病的措施是检疫、隔离、控制传染源、切断传播途径、培养健康牛群及主动免疫接种。

（4）免疫预防。用布鲁氏菌 19 号苗，5~8 月龄免疫 1

次，18~20月龄再免疫1次，免疫效果可达数年。

三、结核病

（一）致病原因

结核病是由结核分枝杆菌感染引起的一种人、畜共患的慢性传染病。

（二）主要症状

该病主要病理特点是在多种组织器官形成肉芽肿、干酪样、钙化结节病变。结核分枝杆菌对牛的毒力较弱，多引起局限性病灶。牛常发生的是肺结核，其次是淋巴结核、肠结核、乳房结核等，其他脏器结核较少见到。典型症状是病牛逐渐消瘦和生产性能下降。该病的潜伏期长短不一，一般为10~15天，有时可达数月甚至长达数年。病程呈慢性经过，故患病初期症状不明显，不易察觉。表现为进行性消瘦，生产性能降低、咳嗽、呼吸困难，体温一般正常，有的体温稍高。病程较长时，因受害器官不同，也有不同的症状出现。肺结核最为常见，病初有短促干咳、痛咳，渐变为湿性咳嗽而疼痛减轻，伴发黏性或脓性鼻液。

（三）治疗方法

对个别症状轻微或病初病牛用异烟肼混在精料中饲喂，症状重者可口服异烟肼，同时肌内注射链霉素，也可以使用适量的降温药等，缓解身体体温过高、脱水、酸中毒等症状。

（四）预防措施

主要采用兽医综合防疫措施，防止疾病传入、净化污染群、培育健康牛群。每年在春、秋季对牛群进行2次检疫。对检出的阳性病牛立即隔离，对开放性结核之病牛宜扑杀，优良种牛应治疗。可疑病牛间隔25~30天复检。阳性隔离群距离健康牛群应在 1 千米以外。扑杀症状明显的开放性病牛，内脏深埋或焚烧，肉经高温处理后可食用。

对被污染的地面、饲槽进行彻底消毒，对粪便进行发酵处理。经常性使用 5%漂白粉乳剂、20%新鲜石灰乳、2%氢氧化钠等消毒剂都能严防病原扩散。

当牛群中病牛较多时，可在犊牛出生后先进行体表消毒，再由病牛群中隔离出来，人工对其进行饲喂健康母牛乳或消毒乳，犊牛应于 20 日龄时进行第一次监测，100~120 日龄时进行第二次监测。凡连续两次以上监测结果均为阴性者，可认为是牛结核病净化群。受威胁的犊牛满月后可在胸椎皮下注射 50~100 毫升的卡介苗，可维持 12~18 个月。

四、口蹄疫

（一）致病原因
口蹄疫是由口蹄疫病毒引起的急性高度接触性传染病。

（二）主要症状
口蹄疫病毒感染牛体后，潜伏期一般是 2~4 天，最长可达一周左右。口蹄疫对肉牛的危害性主要表现为食欲减退以及口腔黏膜、鼻、蹄部和乳房皮肤发生水疱和溃烂。除口腔和蹄部病变外，还可见到咽喉、气管、支气管、食道和瘤胃黏膜有水疱和烂斑；胃肠有出血性炎症；肺呈浆液性浸润；心包内有大量混浊而黏稠的液体。恶性口蹄疫可在心肌切面上见到灰白色或淡黄色斑点或条纹，好似老虎皮上的斑纹，俗称"虎斑心"。

（三）治疗方法
患良性口蹄疫病牛，一般经一周左右多能自愈。为缩短病程、防止继发感染，可对症治疗。口腔病变可用清水、食盐水或 0.1%高锰酸钾溶液清洗，后涂以 1%~2%明矾溶液或碘甘油，也可涂撒中药冰硼撒于口腔病变处。蹄部病变可先用 3%来苏儿清洗，后涂擦龙胆紫溶液、碘甘油、青霉素软膏等，用绷带包扎。乳房病变可用肥皂水或 2%~3%硼酸水清洗，后涂以青霉素软膏。患恶性口蹄疫病牛，除采用上述局部措施外，可用强心剂（如安钠咖）和滋补剂（如葡萄糖盐水）等。

（四）预防措施

需用与当地流行的相同病毒型、亚型的弱毒疫苗或灭活疫苗进行免疫接种。同时需要严格执行日常的消毒工作。

五、牛巴氏杆菌病

（一）致病原因

巴氏杆菌病是主要由多杀性巴氏杆菌所引起的发生于各种家畜、家禽和野生动物的一种传染病的总称。牛巴氏杆菌病又称牛出血性败血症，是牛的一种急性传染病。

（二）主要症状

牛巴氏杆菌病以发生高热、肺炎和内脏广泛出血为特征。潜伏期一般为 2~5 天，临床上可分为急性败血型、肺炎型、水肿型。败血型表现突然发病，高热（40~42℃），精神沉郁，结膜潮红，鼻镜干燥，食欲减退，腹痛下痢，初期粪便为粥状，后呈液状并混有黏液、假膜和血液，有恶臭；有时鼻孔和尿液中有血。拉稀开始后，体温随之下降，迅速死亡。病期多在 12~24 小时。肺炎型较为多发，病牛表现为纤维素性胸膜肺炎症状，痛性干咳，叩诊胸部浊音，听诊有支气管啰音、胸膜摩擦音，流泡沫样鼻液，2 岁以内犊牛伴有下痢，并伴有血液，常因衰竭而死亡，病程 3~7 天。水肿型除表现全身症状外，病牛的头颈部胸前皮下水肿，指压时热、硬痛感；后变凉，痛感减轻，舌、咽及周围组织高度肿胀，呼吸困难，黏膜发绀，流泪，流涎，磨牙，有时出现血便，常因窒息和下痢而死，病程多为 12~36 小时。

（三）治疗方法

加强饲养管理，消除发病诱因和及时治疗可收到良好的效果。多种抗生素可用于治疗该病，包括青霉素、氨苄西林、红霉素和四环素等。磺胺类药物也可应用于该病的治疗，可单独使用或与如四环素、青霉素联合应用，效果很好。如配合使用抗出血性败血症多价血清，效果更好。对有窒息危险的病牛，可做气管切开术。但使用抗生素时应注意各种药物的休药期。

（四）预防措施

（1）加强饲养管理，增强肉牛机体抵抗力，注意环境卫生消毒工作，消除应激因素，避免牛群受惊、受热、潮湿和拥挤。对地方性流行性多杀性巴氏杆菌肺炎，应该注意加强通风。

（2）定期对牛群进行免疫，如注射出血性败血症氢氧化铝菌苗。体重 100 千克以上的皮下注射 6 毫升，100 千克以下的注射 5 毫升，注射后 14 天产生免疫力，免疫期 9 个月。

（3）对污染的厩舍和用具用 5% 漂白粉或 10% 石灰乳消毒。

（4）对病牛和疑似病牛，应进行严格隔离，积极治疗。

六、牛沙门氏菌病

（一）致病原因

牛沙门氏菌病也称牛沙门氏菌病，又称牛副伤寒，是由沙门氏菌属细菌引起的一种传染病。

（二）主要症状

牛沙门氏菌病以败血症和胃肠炎、腹泻、妊娠牛发生流产为特征，慢性病例还表现肺炎和关节炎。潜伏期因各种发病因素不同，一般 1~3 周不等。病死犊牛的心壁、腹膜及胃肠黏膜出血，肠系膜淋巴结水肿、淤血，肝脏、脾脏和肾脏出现坏死灶；成年牛主要呈急性出血性肠炎表现。关节炎时腱鞘和关节腔内含有胶样液体；肺炎型的肺脏出现坏死灶。

（三）治疗方法

磺胺类、呋喃类及喹噁酮类等药物对本病有治疗作用。治疗时应注意早期连续用药，病初期用抗血清有效。由于本病导致的体液和电解质丢失较严重，所以要注意口服补液和静脉补液，并要注意纠正酸中毒，同时还应选用各种对症疗法。应交替使用治疗药物，避免出现抗药性。

（四）预防措施

加强牛群的饲养管理，保持牛舍清洁卫生，坚持消毒制度，以消除病原体，加强对母牛和犊牛的饲养管理，增强抵抗力。其次是定期对牛群进行检疫，用直肠棉拭子查出并淘汰带菌牛。犊牛可用活菌苗预防。发病场应及时隔离病牛，圈舍、用具都应仔细消毒，粪便要堆积发酵，病死牛应焚烧或深埋。

第三节　肉牛常见其他疾病的防治技术

一、前胃弛缓

（一）致病原因

原发性前胃弛缓又称单纯性消化不良，病因主要是饲养与管理不当；继发性前胃弛缓又称症状性消化不良，常继发于其他消化系统疾病、传染病、营养代谢病和侵袭性疾病等；在兽医临床中，治疗用药不当，如长期大量服用抗生素（包括磺胺类药物）等抗菌药物，致使瘤胃内正常微生物区系受到破坏，而发生消化不良，也造成医源性前胃弛缓。

（二）主要症状

急性型前胃弛缓的病牛食欲减退或废绝，反刍减少、短促、无力，时而嗳气并带酸臭味，体温、呼吸、脉搏一般无明显异常。瘤胃蠕动音减弱，蠕动次数减少，有的病牛虽然蠕动次数不减少，但瘤胃蠕动音减弱或每次蠕动的持续时间缩短；瓣胃蠕动音微弱，触诊瘤胃，其内容物坚硬或呈粥状。患病初期粪便变化不大，随后粪便变为干硬、色暗，被覆黏液，如果伴发前胃炎或酸中毒时，病情急剧恶化，病牛表现呻吟、磨牙、食欲废绝、反刍停止并排棕褐色糊状恶臭粪便，病牛精神沉郁，结膜发绀，皮温不整，体温下降，脉率增快，呼吸困难，鼻镜干燥，眼窝凹陷。

慢性型前胃弛缓通常由急性型前胃弛缓转变而来。病牛食欲不定，有时减退或废绝，常常虚嚼、磨牙、发生异嗜、舔砖、吃土或采食被粪尿污染的垫料污物，反刍不规则，短促无力或停止。嗳气减少，嗳出的气体带臭味。病情弛张，时而好转，时而恶化，日渐消瘦，被毛干枯、无光泽，皮肤干燥、弹性减退。瘤胃蠕动音减弱或消失，内容物黏硬或稀软，轻度膨胀。腹部听诊，肠蠕动音微弱。病牛有时便秘，粪便干硬呈暗褐色，附有黏液，有时腹泻，粪便呈糊状，腥臭，或者腹泻与便秘交替出现，老牛病重时，呈现贫血与衰竭，常发生死亡。

（三）治疗方法

（1）除去病因是治疗本病的基础，如立即停止饲喂发霉变质饲料等。

（2）患病初期一般绝食 1~2 天（但给予充足的清洁饮水），再饲喂适量的易消化的青草或优质干草，轻症病例可在 1~2 天内自愈。

（3）为了促进胃肠内容物的运转与排除，可用硫酸钠（或硫酸镁）300~500 克、鱼石脂 20 克，酒精 100 毫升、温水 600~1 000 毫升一次内服，或用液体石蜡 1 000~3 000 毫升、苦味酊 20~30 毫升，一次内服清理胃肠。对于采食多量精饲料而症状又比较重的病牛，可采用洗胃的方法，排除瘤胃内容物，洗胃后应向瘤胃内接种纤毛虫。重症病例应先强心、补液，再洗胃。

（4）应用 5% 葡萄糖生理盐水注射液 500~1 000 毫升、10% 氯化钠注射液 100~200 毫升、5% 氯化钙注射液 200~300 毫升、20% 苯甲酸钠咖啡因注射液 10 毫升，一次静脉注射，并肌内注射维生素 C 促反刍液。因过敏性因素或应激反应所致的前胃弛缓，在应用促反刍液的同时，肌内注射 2% 盐酸苯海拉明注射液 10 毫升。在洗胃后，可静脉注射 10% 氯化钠注射液 150~300 毫升、20% 苯甲酸钠咖啡因注射液 10 毫升，每天 1~2 次。此外，还可皮下注射新斯的明 10~20 毫克或毛果芸香碱 30~100 毫克，但对于病情重、心脏衰弱、老龄和妊娠母牛则禁止应用，以防虚脱和流产。

（5）当瘤胃内容物 pH 值降低时，宜用氢氧化镁（或氢氧化铝）200~300 克、碳酸氢钠 50 克、水适量，一次内服，也可应用碳酸盐缓冲剂、碳酸钠 50 克、碳酸氢钠 350~420 克、氯化钠 100 克、氯化钾 100~140 克、水 10 升，一次内服，每天 1 次，可连用数天。当瘤胃内容物 pH 值升高时，宜用稀醋酸 30~100 毫升或食醋 300~1 000 毫升，加水适量，一次内服。也可应用醋酸盐缓冲剂。必要时，给病牛投服从健康牛口中取得的反刍食团或灌服健康牛瘤胃液 4~8 升，进行接种。

（6）当病牛呈现轻度脱水和自体中毒时，应用25%葡萄糖注射液500~1 000毫升、40%乌洛托品注射液20~50毫升、20%安钠咖注射液10~20毫升，一次静脉注射，并用胰岛素100~200单位，皮下注射防止脱水和自体中毒。此外，还可用樟脑酒精注射液100~300毫升，静脉注射，并配合应用抗生素类药物。

（四）预防措施

注意饲料的选择、保管，防止霉败变质；依据日粮标准饲喂，不可任意增加饲料用量或突然变更饲料；圈舍须保持安静，避免奇异声音、光线和颜色等不利因素刺激和干扰，注意圈舍卫生和通风、保暖，做好预防接种工作。

二、瘤胃酸中毒

（一）致病原因

瘤胃酸中毒临床上又称酸性消化不良、乳酸中毒、精料中毒等，是因采食大量的谷类或其他富含碳水化合物的饲料后，导致瘤胃内产生大量乳酸而引起的一种急性代谢性酸中毒。舍饲牛若不按照由高粗饲料向高精饲料逐渐变换的方式，而是突然饲喂高精饲料时，也易发生瘤胃酸中毒。

（二）主要症状

瘤胃酸中毒的特征为消化障碍、瘤胃运动停滞、脱水、酸血症、运动失调、衰弱，本病一年四季均可发生，以冬春季节发病较多，多发于老龄、体弱肉牛，严重者常导致死亡。

最急性型瘤胃酸中毒的往往在采食谷类饲料后3~5小时内无明显症状而突然死亡，有的仅见精神沉郁、昏迷，而后很快死亡。急性型瘤胃酸中毒的病牛食欲废绝，蹒跚而行，碰撞物体，眼反射减弱或消失，瞳孔对光反射迟钝；卧地，头回顾腹部，对任何刺激的反应都明显下降；有的病牛兴奋不安，向前狂奔或转圈运动，视觉障碍，以角抵墙，无法控制。随病情发展，后肢麻痹、瘫痪、卧地不起；最后角弓反张，若不及时救治，常在 24 小时内死亡。亚急性型瘤胃酸中毒的牛精神沉郁，食欲减退或废绝，鼻镜干燥，反刍停止，空口虚嚼，流涎，磨牙，粪便稀软或呈水样，有酸臭味。体温正常或偏低。瘤胃黏膜脱落，蠕动音减弱或消失，听叩诊结合检查有明显的钢管叩击音。病牛皮肤干燥，弹性降低，眼窝凹陷，尿液 pH值降至 5 左右，尿量减少或无尿，血液暗红，黏稠，病牛虚弱或卧地不起。常伴发或继发蹄叶炎，病程 2~4 天。轻微型病牛表现神情恐惧，食欲减退，反刍减少，瘤胃蠕动减弱，瘤胃胀满，呈轻度腹痛（间或后肢踢腹），粪便松软或腹泻。若病情稳定，无需任何治疗，3~4 天后能自动恢复进食。

（三）治疗方法

（1）加强护理，清除瘤胃内容物，纠正酸中毒。可用 5%碳酸氢钠溶液或 1%食盐水或自来水反复洗胃，直至洗出液无酸臭，呈中性或碱性反应为止。同时可用 5%碳酸氢钠溶液2 000~3 000 毫升静脉注射，或口服氢氧化钙溶液纠正酸中毒。

（2）补充体液，恢复瘤胃蠕动。当表现明显脱水时，可用 5%葡萄糖氯化钠注射液 3 000~5 000 毫升、20%安钠咖注射液 10~20 毫升、40%乌洛托品注射液 40 毫升，静脉注射。使用液体石蜡 500~1 500 毫升促进胃肠道内酸性物质的排除，促进胃肠机能恢复。

（3）重患病牛宜进行瘤胃切开术，排空内容物，然后，向瘤胃内放置适量轻泻剂和优质干草。并静脉注射钙制剂和补液。过食黄豆的病牛，发生神经症状时，用镇静剂，如安溴注射液静脉注射或盐酸氯丙嗪肌肉注射，再用 10%硫代硫酸钠静脉注射,同时应用 10% 维生素 C 注射液肌肉注射。为降低颅内压,防止脑水肿,缓解神经症状可应用甘露醇或山梨醇静脉注射。

(四) 预防措施

加强饲养管理,合理配合日粮,控制富含碳水化合物的谷类饲料的摄入;青贮饲料酸度过高时,要中和后再饲喂;防止摄入过多精料。

三、大叶性肺炎

(一) 致病原因

大叶性肺炎,又叫纤维素性肺炎,主要是感染性因素(如病原微生物)或非感染性因素(如变态反应)等引起的整个肺大叶以及肺泡内有大量纤维蛋白渗出为主的急性炎症。大叶性肺炎的病因复杂多变,其真正的病因及发病机理目前尚不明确,临床常见病因有:病原微生物如肺炎链球菌、葡萄球菌、巴氏杆菌等均可引起肺部感染,感染通过支气管扩散,并迅速波及肺泡,并通过肺泡间孔或呼吸性细支气管向临近肺组织蔓延、扩散,感染整个或多个肺大叶,导致大叶性肺炎的发生。

(二) 主要症状

本病一旦发生,体温迅速升高达 40~41℃ 以上,呈稽留热型,常于 6~9 天后逐渐下降,可降至常温;患病初期病牛精神沉郁,食欲减退,反刍减少,泌乳减少,心跳、脉搏、呼吸增加,可视黏膜潮红,咳嗽,有浆液性鼻液;随病情发展,病牛食欲废绝,反刍停止,呼吸急促,频率增加,严重时,呈现混合性呼吸困难,病牛鼻孔扩张,甚至张口呼吸,可视黏膜发绀,咳嗽加剧,有黏液性或脓性鼻液;患病后期泌乳停止,可见铁锈色鼻液，为大叶性肺炎的典型症状，主要是由于渗出物中的红细胞被巨噬细胞吞噬，崩解后形成含铁血黄素混入的鼻液所致，可视黏膜黄染，间或发出呻吟。

典型的大叶性肺炎发展有明显的阶段性，包括充血水肿期、红色肝变期、灰色肝变期和溶解消散期。充血水肿期剖检可见病变肺叶肿大，重量增加，表面光滑。红色肝变期剖检可见病变肺叶肿大，呈红色，肺脏实质切面稍干燥，呈粗糙颗粒状，近似肝脏，故有"红色肝变"之称。灰色肝变期剖检可见肺叶肿胀，实质切面干燥，呈粗糙颗粒状，实变区颜色由暗红色逐渐变为灰白色，病变肺组织呈贫血状。溶解消散期剖检可见肺叶体积复原，质地变软，病变肺部呈黄褐色，挤压有少量脓性浑浊液体流出。

（三）治疗方法

（1）将病牛置于光线充足、通风良好、空气清新且温暖的牛舍内，单独管理；恢复期供给营养丰富、易消化的饲料并保证饮水。

（2）在有条件的情况下，应采集病牛支气管分泌物或鼻液进行微生物培养并进行药敏试验，选取敏感抗生素进行治疗。条件不允许的情况下，通常选用抗生素联合应用进行治疗，可用青霉素 40~80 毫克/千克，配合链霉素 50~80 毫克/千克，肌内注射，每天两次，连用 5~7 天，或用 10%磺胺嘧啶钠注射液或 10%磺胺间甲氧嘧啶钠注射液 100~150 毫升肌肉注射，每天 1 次，连用 5~7 天，一般不超过 7 天；对于支气管症状比较明显的病牛可用普鲁卡因青霉素溶液（青霉素 200 万~400 万单位，蒸馏水溶解，加普鲁卡因 40~60 毫升）气管内注射，每天 1 次，连用 2~4 天，或可用庆大霉素，鱼腥草和地塞米松联合雾化，每天 1 次，连用 2~4 天，常可取得良好效果；并发脓毒血症时，可用 5%葡萄糖 500~1 000 毫升、10%磺胺嘧啶钠 100~150 毫升、40% 乌洛托品 40~60 毫升，一次静脉注射，每天 1 次，连用 3~5 天。

（3）用 25% 葡萄糖注射液 50~100 毫升、10% 葡萄糖 500~1 000 毫升、10% 氯化钙或 10% 葡萄糖酸钙 100~150 毫升，一次静脉注射，同时配合利尿剂肌肉注射，每天 1 次，连用 3~5 天制止渗出，促进渗出物吸收。

（4）可肌肉注射氨基比林 20~40 毫升或安乃近 20~40 毫升退热；出现呼吸困难的病牛，必要时可吸氧；对电解质、酸碱平衡紊乱、脱水的病牛，可口服补液盐或静脉输液纠正，同时注意输液不宜过快，以免发生心力衰竭和肺水肿；可静脉注射撒乌安液 50~100 毫升或樟脑酒精液 100~200 毫升防止自体中毒；可注射洋地黄毒苷等强心剂强心。

（5）可用清瘟败毒散：生石膏 120 克、犀角 6 克（或水牛角 30 克）、黄连 18 克、桔梗 24 克、鲜竹叶 60 克、甘草 9 克、生地 30 克、山栀 30 克、丹皮 30 克、黄芩 30 克、赤芍 30 克、玄参 30 克、知母 30 克、连翘 30 克，水煎，一次灌服。

（四）预防措施

加强饲养管理，改善牛舍环境，避免有害因素刺激，定期驱虫、体检，接种疫苗，保证牛群健康，提高抗病能力。

四、日射病和热射病

（一）致病原因

肉牛在炎热季节中，头部受到日光直射时，引起脑及脑膜充血和脑实质的急性病变，导致中枢神经系统机能严重障碍现象，通常称为日射病。在炎热季节潮湿闷热的环境中，新陈代谢旺盛，产热多，散热少，体内积热，引起严重的中枢神经系统功能紊乱现象，通常称为热射病。又因大量出汗、水盐损失过多，可引起肌肉痉挛性收缩，故又称为热痉挛。实际上，日射病、热射病及热痉挛，都是由于外界环境中的光、热、湿度等物理因素对动物体的侵害，导致体温调节功能障碍的一系列病理现象，故可称为中暑。主要是饲养管理不当，在炎热的夏季，肉牛运动场无遮阴篷，阳光直射，出汗过多，饮水不足；或因牛舍狭小，通风不良，潮湿闷热等，从而引起日射病或热射病的发生。

（二）主要症状

本病在炎热季节中较为多见，病牛产乳量迅速减少，病情发展急剧，甚至迅速死亡，以体温升高、神经症状为特征。病牛患日射病的初期，精神沉郁，有时眩晕，四肢无力，步态不稳，共济失调，突然倒地，四肢做游泳样运动。目光狰狞，眼球突出，神情恐惧，有时全身出汗。

病情发展急剧，心血管运动中枢、呼吸中枢、体温调节中枢的机能紊乱，甚至麻痹。心力衰竭，静脉怒张，脉微欲绝；呼吸急促、节律失调，形成毕欧氏或陈—施式呼吸现象；有的体温升高，皮肤干燥，汗液分泌减少或无汗。瞳孔初散大，后缩小。兴奋发作，狂躁不安。有的突然出现全身性麻痹，皮肤、角膜、肛门反射减退或消失，腱反射亢进；常常发生剧烈的痉挛或抽搐，迅速死亡。

热射病体温急剧上升，甚至达到 44℃ 以上；皮温增高，直肠内温度升高，全身出汗。特别是潮湿闷热环境中劳役或运动时的牛，突然停步不前，鞭策不走，剧烈喘息，晕厥倒地，状似电击。

热痉挛的动物体温正常，神志清醒，全身出汗、烦渴、喜饮水、肌肉痉挛。导致阵发性剧烈疼痛的现象。

由于中暑，脑及脑膜充血，并因脑实质受到损害，产生急性病变，体温、呼吸与循环等重要的生命中枢陷于麻痹。所以，有一些病例，犹如电击一般，突然晕倒，甚至在数分钟内死亡。

（三）治疗方法

肉牛日射病、热射病及热痉挛，多突然发生，病情重，过程急，应及时抢救，方能避免病牛死亡。因此，必须根据防暑降温、镇静安神、强心利尿和缓解酸中毒的原则，防止病情恶化，采取急救措施。

在野外或个体专业户养殖场，立即将病牛放置在阴凉通风地方，先用井水浇头或冷敷、灌肠，并给予饮服大量1%~2%的凉盐水；在规模化养殖场，头部尚可装置冰囊，促进体温放散。同时，加强护理，避免光、声音刺激和兴奋，力求安静。为了促进体温放散，可以用2.5%盐酸氯丙嗪溶液10~20毫升；也可先颈静脉泻血1 000~2 000毫升，再用2.5%盐酸氯丙嗪溶液10~20毫升，5%葡萄糖生理盐水1 000~2 000毫升、20%安钠咖溶液10毫升、静脉注射，效果显著。

伴发肺充血及肺水肿的病例，选用适量强心剂注射，立即静脉泻血，泻血后，即用复方氯化钠溶液，亦可用5%葡萄糖生理盐水或25%~50%葡萄糖溶液，促进血液循环，缓解呼吸困难，减轻心肺负担，保护肝脏，增强解毒机能。

病牛心力衰竭，循环虚脱时，宜用25%尼可刹米溶液10~20毫升，皮下或静脉注射。或用5%硫酸苯异丙胺溶液100~300毫升皮下注射，兴奋中枢神经系统，促进血液循环，或用0.1%肾上腺素溶液3~5毫升、10%~25%葡萄糖溶液静脉注射。

病程中，若出现自体中毒现象，可用5%碳酸氢钠溶500~800毫升静脉注射。病情好转时，宜用10%氯化钠溶液200~300毫升静脉注射；并用盐类泻剂，给予内服，改善水盐代谢，清理胃肠。同时加强饲养和护理，以利康复。

（四）预防措施

（1）制定饲养管理制度，在炎热季节中，不使肉牛中暑受热，注意补喂食盐，给予充足饮水；牛舍保持通风凉爽，防止潮湿、闷热和拥挤。

（2）随时注意牛群健康状态，发现精神迟钝、无神无力或姿态异常、停步不前、饮食减退，出现中暑症状时，即应检查和进行必要的防治。

（3）大群牛转移或运输时，应做好各项防暑和急救准备工作，防患于未然，保护牛群健康。

五、脓肿

（一）致病原因

在任何组织或器官内形成外有脓肿膜包裹，内有脓汁潴留的局限性病变时称为脓肿。它是致病菌感染后所引起的局限性炎症过程。如果在解剖腔内（胸膜腔、喉囊、关节腔和鼻窦）有脓汁潴留时则称为蓄脓，如关节蓄脓、上颌窦蓄脓、胸膜腔蓄脓等。大多数脓肿是由感染引起的，最常继发于急性化脓性感染的后期。注射时不遵守无菌操作规程，也会引起注射部位脓肿，血液或淋巴组织将致病菌由原发病灶转移至某一新的组织或器官也会形成转移性脓肿。

（二）主要症状

浅在急性脓肿初期表现为局部肿胀，无明显的界限。触诊局温增高、坚实，有疼痛反应。随后，肿胀的界限逐渐清晰、呈局限性，最后形成坚实样的分界线，在肿胀的中央部开始软化并出现波动，并可自溃排脓。浅在慢性脓肿一般发生缓慢，虽有明显的肿胀和波动感，但缺乏温热和疼痛反应或非常轻微。

深在急性脓肿，由于部位深，覆较厚的组织，局部增温不易触及。常出现皮肤及皮下结缔组织的炎性脓肿，触诊时有疼痛反应并常有指压痕。当较大的深在性脓肿未能及时治疗，脓肿膜可发生坏死，最后在脓汁的压力下可穿破皮肤自行破溃，亦可向深部发展，压迫或侵入邻近的组织和器官，引起感染扩散，而呈现较明显的全身症状，严重时还可能引起败血症。

内脏器官的脓肿常常是转移性脓肿或败血症的结果，会严重地妨碍发病器官的功能，如牛创伤性心包炎，心包、膈肌以及网胃和中隔连接处常见到多发性脓肿，病牛慢性消瘦，体温升高，食欲和精神不振，血常规检查时白细胞数明显增多，最终导致心脏衰竭死亡。

（三）治疗方法

（1）当局部肿胀正处于急性炎性细胞浸润阶段可局部涂擦樟脑软膏，或用冷疗法（如复方醋酸铅溶液冷敷，鱼石脂酒精、栀子酒精冷敷），以抑制炎症渗出和具有止痛的作用。当炎性渗出停止后，可用温热疗法、短波透热疗法、超短波疗法以促进炎症产物的消散吸收。局部治疗的同时，可根据病牛的情况配合应用抗生素药物防止败血病的发生，并采用对症疗法。

（2）当局部炎症产物已无消散吸收的可能时，局部可用鱼石脂软膏、鱼石脂樟脑软膏、超短波疗法、温热疗法等促进脓肿的成熟，待局部出现明显的波动时，立即进行手术治疗。

（3）脓肿形成后其脓汁常不能自行消散吸收，因此，只有当脓肿自溃排脓或手术排脓后经过适当地处理才能治愈。脓肿时常用的手术疗法有：①脓汁抽出法，适用于关节部脓肿膜形成良好的小脓肿。其方法是利用注射器将脓肿腔内的脓汁抽出，然后用生理盐水反复冲洗脓腔，抽净腔中的液体，最后灌注混有青霉素的生理盐水。②脓肿切开法，脓肿成熟出现波动后立即切开。切口应选择波动最明显且容易排脓的部位。按手术常规对局部进行剪毛消毒后再根据情况作局部或全身麻醉。切开前为了防止脓肿内压力过大脓汁向外喷射，可先用粗针头将脓汁排出一部分。切开时一定要防止外科刀损伤对侧的脓肿膜。切口要有一定的长度并作纵向切口以保证在治疗过程中脓汁能顺利地排出。③脓肿摘除法，常用以治疗脓肿膜完整的浅在性小脓肿。此时需注意勿刺破脓肿膜，预防新鲜手术创口被脓汁感染。

六、腐蹄病

（一）致病原因

腐蹄病是指（趾）间皮肤及皮下组织发生炎症，特征是皮肤坏死和裂开。它的发生多是由于指（趾）间隙异物造成的挫伤或刺伤；或粪尿和稀泥浸渍使指（趾）间皮肤的抵抗力减低，微生物从指（趾）间进入。坏死杆菌是最常见的微生物，所以本病又称指（趾）间坏死杆菌病。

（二）主要症状

腐蹄病初期的病牛轻度跛行，系部和球节屈曲，患肢以蹄尖轻轻负重，约75%的病例发生在后肢。在18~36小时之后，指（趾）间隙和冠部出现肿胀，皮肤上有小的裂口，有难闻的恶臭气味，表面有伪膜形成。在36~72小时后，指（趾）间皮肤坏死、腐脱，指（趾）明显分开，指（趾）部甚至球节出现明显肿胀，剧烈疼痛，病肢常试图提起。体温常常升高，食欲减退，泌乳量明显下降。有的病牛蹄冠部高度肿胀，卧地不起。

（三）治疗方法

可全身应用抗生素。局部用防腐液清洗，去除游离的指

（趾）间坏死组织，伤口内放置抗生素或其他消炎药，用绷带环绕两指（趾）包扎，不能绕在指（趾）间，否则妨碍引流或造成创伤开放。口服硫酸锌，可取得满意效果。

（四）预防措施

除去牧场上各种致伤的原因，保证牛舍和运动场的干燥和清洁。定期用硫酸铜或甲醛浴蹄。饲料内亦可添加抗生素或化学抑菌剂进行预防。

七、流产

（一）致病原因

流产是指未到预产期，但由于胎儿或母体异常而导致妊娠过程发生紊乱，或两者之间的正常关系受到破坏而导致的妊娠中断。妊娠的各阶段均有流产的可能，以妊娠早期较为常见，夏季高发。引起肉牛流产的原因大致可分为感染性流产和非感染性流产。非感染性流产的原因包括营养性流产、损伤性流产、中毒性流产和药物性流产等。传染性流产包括传染性疾病引发的流产，如布鲁氏菌病、钩端螺旋体病、弧菌病、病毒性腹泻和传染性气管炎等；霉菌性流产，如衣原体病、李氏杆菌病和流行性热等；寄生虫性流产，如滴虫病、肉孢子虫病和新孢子虫病等。

（二）主要症状

（1）隐性流产是配种后经检查确诊怀孕的母牛，过一段时间复查妊娠现象消失。受精卵附植前后，胚胎组织液化被母体吸收，子宫内部不残留任何痕迹。常无临床症状，多在母牛重新发情时被发现。

（2）小产母牛流产前，阴道流出透明或半透明的胶冻样黏液，偶尔混有血液，具有分娩的临床征兆但不明显；直肠检查胎动不安；阴道检查子宫颈口闭锁，黏液塞尚未流失。母牛的乳房和阴唇在流产前 2~3 天才肿胀。

（3）早产是排出不足月的活犊，与正常分娩具有相似的征兆。早产胎儿体格虽小，体质虽差，但若经精心护理，仍有成活的可能，胎儿如有吸吮反射，应尽力挽救，帮助吮食母乳或人工乳，并注意保暖。

（4）胎儿干尸化，又称木乃伊，多发于妊娠 4 个月左右。胎儿死在子宫内，因子宫颈口仍关闭，无细菌侵入感染子宫，胎水及死胎的组织水分被母体吸收，呈干尸样。母牛妊娠现象不随时间延长而发展，也不出现发情，到分娩期不见产犊，直肠检查发现子宫内有坚硬固体，无胎动和胎水波动，卵巢有黄体。阴道检查子宫阴道部无妊娠变化。

（5）胎儿浸溶是妊娠中断后，死亡胎儿的软组织分解为液体流出，而骨骼仍留在子宫内。病牛精神沉郁，体温升高，食欲减退或废绝，消瘦，腹泻；常努责并从阴门流出红褐色黏稠污秽的液体，具有腐臭味，内含细小骨片，最后仅排出脓液，尾根及坐骨节结上黏附着黏液的干痂。直肠检查，可摸到子宫内有骨片，捏挤子宫有摩擦音。阴道检查，子宫颈口开张，阴道内有红褐色黏液、骨碎片或脓汁淤积。

（6）胎儿腐败是胎儿死亡后，腐败菌侵入，引起胎儿软组织腐败分解，产生二氧化碳、硫化氢和氨气等气体，积于胎儿皮下、胸腹腔和肠管内。临床症状类似于胎儿浸溶，母牛精神不振，腹围增大，强烈努责，阴道内有污褐色不洁液体排出，具有腐败味。直肠检查，可触摸到胎儿胎体膨大，有捻发音。

（三）治疗方法

（1）对外观有流产征兆，但子宫颈塞尚未溶解的母牛，应以保胎为主。使用抑制子宫收缩药予以保胎，每隔 5 天肌肉注射孕酮 100~200 毫克，或每隔 2 天皮下注射 1% 硫酸阿托品 15~20 毫克。禁止阴道检查和直肠检查，保证安静的饲养环境。如果母牛起卧不安，胎囊已进入产道或胎水已破，应尽快助产，肌肉注射垂体和叶素或新麦角碱。必要时可截胎取出胎儿，用消毒液反复冲洗子宫，并投入抗生素。

（2）对于不可挽回性流产，如果子宫颈口已开，有黏液流出，则以引产为主。使用雌二醇 20~30 毫升，肌肉或皮下注射，同时皮下注射催产素 40~50 毫克。

（3）对于胎儿干尸化，如子宫颈已开，可先向子宫内灌入大量温肥皂水或液状石蜡，再取出干尸化的胎儿；如子宫颈尚未打开，可肌内注射雌二醇 20~30 毫克，一般 2~5 小时后可排出胎儿。经上述方法处理无效时可以反复注射，或人为打开宫颈取出胎儿；子宫颈口打开后可以配合使用促子宫收缩药，增强子宫张力。最后要用消毒液冲洗子宫，并投入抗生素。

（4）对于胎儿浸溶，可肌肉注射雌二醇使子宫颈扩张，子宫颈扩张后向子宫内注入温的 0.1% 高锰酸钾溶液，反复冲洗，用手指或器械取出胎儿残骨。最后用生理盐水冲洗子宫，投入抗生素，同时注射促子宫收缩药，促使液体排出。

（5）对胎儿腐败分解的，可切开胎儿皮肤排气，必要时可行截胎术。要用消毒液反复冲洗子宫，并投入抗生素。

（6）对于习惯性流产的，应在习惯性流产的妊娠期前半月持续注射黄体酮 50~100 毫克/天。

（四）预防措施

加强饲养管理，提高肉牛体质，避免各种意外事故、应激反应和中暑等情况的发生。对于传染性流产，关键是加强免疫、定期做好疫情普查，淘汰或隔离流产的病牛。

第十一章　生态健康养殖肉牛安全生产加工技术

第一节　牛屠宰工艺

一、宰前处理

活牛在屠宰前一天被运到屠宰厂，存放在待宰圈内，必须保证活牛有充分的休息时间，使活牛保持安静的状态，防止代谢机能旺盛，同时宰前需要至少断食 12 小时，并充分给水，最好是盐水，以利于宰后胴体达到尸僵并降低 pH 值，从而抑制微生物的繁殖，防止胴体被污染。

二、宰前检验

宰前检验的目的是通过检疫、检测，以控制各种疫病的传入和扩散，减少污染，维护产品质量。它包括以下三个环节：进厂检疫、候宰检查、宰前检疫。进厂检疫是指在未卸车之前，检疫员向押运员索取检疫证或防疫注射证，以便从侧面了解产地疫情；持证核对品种及头数，发现不符，及时查明原因，直到认为没有可疑疫情时允许卸下，借过磅验级之际，留神观察牲畜健康状态，对可疑者应做进一步诊断，必要时组织会诊。当确诊疫病时，及时封锁，上报疫情。同时立即采取措施，就地扑灭，确保人畜的安全。候宰检查是指卫检员深入到待宰圈内观察活牛休息、饮食和行动状态，发现异常，随时剔出进行临床检查，必要时采取急宰后剖检诊断。宰前检疫是在临宰前对活牛进行一次普查，确保其健康，是减少屠宰过程中病牛与健康牛相互污染，保证产品质量的有效措施。

三、称重、冲淋

为防止牛群恐慌，不能让待宰的牛看见车间内的场面，经宰前检验后合格的活牛由人沿着指定的通道将牛牵到地磅上称重。然后用温水进行冲淋，清洗全身，以减少屠宰过程中牛身上的附着物对牛胴体的污染。

四、击晕起吊

将活牛赶入击晕箱，在 100 伏左右的电压下对牛进行约 5~10 秒的电击醉麻，将其击晕。接着由一人用绳索套牢牛的一条后腿，并挂在电动葫芦的吊钩上，启动电动葫芦将牛吊起，直到高轨上的滑轮钩住后，再放松电动葫芦吊钩并取出，使牛完全吊在高轨上。

五、宰杀放血

从牛喉部下刀割断食管、气管和血管进行放血，放血时间约为 9 分钟。然后，再进入低压电刺激系统接受脉冲电压刺激，电压为 25~80 伏，用以放松肌肉，加速牛肉排酸过程，提高牛肉嫩度。牛血送急宰化制间经蒸煮、干燥制成血粉出售。

六、预剥头皮、去头

由人工预剥活牛头皮并去牛头。牛头出售。

七、低中高位预剥

低位预剥是由人工剥前小腿皮、去前蹄。接着在高轨上剥悬空的那条后腿的皮，并去蹄，再用电动葫芦吊钩将牛从高轨上取出，用中轨上的滑轮钩钩住已剥过皮的那条腿，然后放下电动葫芦吊钩并取出，使牛转挂到中轨上，最后在中轨上剥另一条后小腿皮、去蹄，并将其也挂在中轨滑轮轮钩上，用撑腿器将牛的两条后腿撑开，最后再剥臀皮、尾皮，即完成了高位预剥。预剥牛的胸皮和颈皮为中位预剥。

八、机器扯皮

用扯皮机滚筒上的链钩钩住牛的颈皮，然后由两人分别站在扯皮机两侧的升降台上，启动扯皮机并不断地插刀，修整皮张，防止扯坏皮张或皮上带肉带脂肪。将牛背部的皮扯下后，再对牛屠体背部施加电刺激，使其背肌收缩复位。扯下来的整张牛皮售给制革厂。

九、锯胸骨、剖腹

牛屠体锯胸骨开膛，取出红、白内脏。

十、胴体劈半

将牛胴体对半劈开。

十一、修整、冲淋

修整范围包括割牛尾、扒下肾脏周围脂肪、修伤痕、除淤血及血凝块、修整颈肉、割除体腔内残留的零碎块和脂肪，割除胴体表面污垢，然后经冲淋洗去残留血渍、骨渣、毛等污物。

十二、宰后检验

将牛的胴体、牛头、内脏、蹄等实施同步卫生检验。根据《中华人民共和国动物防疫法》和《中华人民共和国进出口动植物检疫法》中的有关规定，卫生检验后屠体的处理如下：

（1）合格的。检验合格作为食品的，其卫生检验、监督均依照《中华人民共和国食品卫生法》的规定办理。

（2）不合格的。检出检疫部门公布的一类传染病、寄生虫病的，其阳性动物及与其同群的其他动物全群扑杀，并销毁尸体；检出检疫部门公布的二类传染病、寄生虫病的，其阳性动物应扑杀，同群其他动物在动物检疫隔离场和动植物检疫机关指定的地点继续隔离观察；检出一般性病害并超过规定标准的，可由专业技术人员按规程实施卫生无害化处理。

十三、冷却

符合鲜销和有条件食用的合格牛胴体盖章后送入冷却间冷却。冷却有以下三个方面的作用：

（1）宰后胴体冷却降温的速度越快，越有利于抑制微生物的生长繁殖。

（2）冷却的时间越短，重量损失越小。

（3）在一定的温度和湿度的条件下，让牛肉冷却排酸。排酸的目的主要是利用牛肉中所含的各种分解酶的作用，使游离氨基酸、游离脂肪酸、次黄嘌呤核苷酸等与风味有关的成分在肌肉中蓄积，从而改进牛肉的质量，使牛肉色泽变好，风味变佳，柔软细嫩，变得更好吃。根据牛肉的档次不同，冷却排酸的时间也不同。高档牛肉其胴体需在冷却间内停留 3~6 天。普通牛肉在冷却间停留 24 小时后，当胴体温度达到 7℃ 时即可进入下一道工序。

十四、锯为四分体

将牛拦腰截断。

十五、剔骨分割、修整

剔骨是在 10℃ 左右的操作间内对牛前、牛后进行剔骨。剔骨的肌肉迅速进入分割间进行分割，分割温度不得高于剔骨操作间的温度。将牛胴体分割为颈部肉、前腿、里脊、花腱等，同时应修净碎骨、结缔组织、淋巴、淤血及其他杂质。剔下的牛骨送至急宰化制间化制成工业油、蛋白饲料和肉骨粉。

十六、包装

分割成品共有三个处理途径：第一个处理途径是经包装后装铁盒在冻结间内冻结 16 小时，冻结温度为 -33℃，当肉中心温度达到 -15℃ 以下时，再将冻结肉从铁盒中取出装入纸箱，送入 -25℃ 的冷藏库中冷藏。第二个处理途径是成品进入 0~4℃ 的保鲜库内准备鲜销。第三个处理途径是分割肉修割下的碎肉作为熟食加工的原料外售。

十七、病胴体处理

该项目拟将不合格胴体及其内脏等与牛骨一起送入急宰化制间制备工业油、蛋白饲料和肉骨粉。

第二节　牛屠宰后的副产品加工

一、牛心

从经宰后检疫完的心肺上将牛心割下。左手剥开心包，右手持刀，从心管头处下刀，割断心与心管和心包的连接。割下后放入水中浸泡，等待红脏精修人员进一步修整。用刀修下牛心顶端多余脂肪和血管，沥水后，称重。进入速冻库，速冻。

二、红脏

从牛心上方将心管的较宽一头割下，然后沿管壁走向，将其从肺脏的油脂中间割下，修割过程中不要伤及管壁等部分。割下后装入指定容器中，由红脏修整人员进一步精修。修净心管表面脂肪和黏膜，可保留心管上的毛状棘突，要求无血污及其他污物。整形后速冻。

三、肺管

紧贴右尖叶支气管的上方割断肺管与肺，尽量将肺管割长些，留在肺上的肺管有 $1\sim2$ 节，保证两片肺叶相连不断开即可。割下后放入指定容器中，由红脏修整人员修去外表面的病变、血块、碎肉、赘油。整形后速冻。

四、牛肺

割去牛心、心管、心腺和肺管后的部分即为牛肺。如果有必要，可将牛肺进行冲洗，晾干后再进一步修去多余脂肪。整形后速冻。

五、沙肝

从牛胃上直接将沙肝割下，割下过程中保证其完整性，不得带有刀伤（疑似病牛沙肝上的检疫刀口除外）。割下后放入指定容器中等待白脏修整人员进一步修整。要求无粪污、多余脂肪及其他污物。整形后速冻。

六、百叶

首先将百叶从白脏中翻出，分别割断百叶与瘤胃和皱胃（散旦）的联接。割的时候要紧贴百叶下刀，尽量多的将与百叶相连处的部分带在牛肚上。用水管冲洗，放入水中清洗，后除去表面的脂肪。要求无多余脂肪及粪污。沥水后包装。

七、弯口

露出外面直肠，剥去脂肪，一手拿住直肠，另撕去直肠系膜。在直肠与大肠交接处，将直肠割下。直肠肛门一端套在水龙头上，用水将粪便冲去。

八、肾脏

将经过卫检后的牛肾脏摘除下来，并送到副产车间进行分离。操作人员将牛肾从腰油中剥离出，切口平整，可带有少量脂肪，能看到牛肾中部收集管两侧的肾窦即可。外形完整，色泽呈深红色或暗红色，无病变，外表无刀伤、无杂质、淋巴结，外形完整，要求小包产品用单皮两个一卷。整形后速冻。

九、牛舌

从牛头上分割剥离取下牛舌，要求牛舌根部、喉管不带脂肪，舌根部切口整齐，保持喉管的完整性。取下舌跟肉，用刷子在水里充分刷洗。放在架子上沥水，水分沥干后用抹布擦一遍，然后在用单皮包装，要求牛舌表面无刀伤、且洁净无污物。整形后速冻。

十、牛鞭

在屠宰中从牛的四肢分割下牛鞭送至副产车间，分割剥离鞭油修掉鞭根肉。保持牛鞭形状的完整，放在架子上修整筋膜，使表面干净，无脂肪油，后放入水中浸泡，排酸后，单个真空包装，热缩。整形后速冻。

十一、牛蹄

在屠宰中从牛的四肢分割下牛蹄送至副产车间，进行充分清洗，使表面无血块、血丝及其他污物。

十二、牛蛋

在屠宰中从牛的四肢分割下牛蛋送至副产车间，修掉表面软蛋皮。保证牛蛋形状的完整，表面干净无软蛋皮，两个一卷用单皮包装。

十三、脊髓

修整取出。要求干净、无血丝及杂质，单皮打卷包装。整形后速冻。

十四、小肠

将小肠从白脏中分离出来，用清水注入冲洗，冲净肠内粪便，分离肠油，翻肠，最后用水对小肠进行彻底清洗。后用碱发，在用开水紧肠子1~3分钟，后转入水中浸泡，沥水后，用单皮包装。整形后速冻。

十五、牛肚

从白脏中分离，分割剥离牛肚表面脂肪（即肚油）。将右手握住肚尖，将胃容物等倒入胃房草吹送罐。将牛肚放于80℃热水中加入适量的碱，浸泡时间大于1小时。将牛肚放入清洗机，对其进行充分清洗，使肚表面无肚油，无粪便、杂质。如没有清洗干净生产人员用刀刮净。肚毛根据客户要求进行去除或留存。未去肚毛的牛肚分黑、白两色，要进行分别存放。水分含量保持在3%以下。整形后速冻。

十六、肝脏

经宰后检疫完毕的肝脏，如客户没有特殊要求，去胆后即可直接包装。要求无胆污、多余脂肪及其他污物。整形后速冻。

十七、牛尾

在荐椎和尾椎连接处割下牛尾，放入水中侵泡，用刷子刷净表面污物，淋水，擦干，单皮包装。整形后速冻。

十八、罗肌肉

在屠宰中从牛的四肢分割取下罗肌肉及罗肌皮送至副产车间，分离罗肌肉和罗肌皮，罗肌肉表面脂肪含量在2%以下。罗肌皮允许有20%~30%的罗肌连带。要求无血污、粪污及其他污物。整形后速冻。

十九、鞭根肉

本产品是位于牛盆腔内的阴茎的收缩肌，要求无血污、尿液污染及其他污物。整形后速冻。

二十、散旦

本产品为牛的皱胃，位于腹腔底壁，与瓣胃相连，用剪子剪去周边脂肪，打开散旦，后清洗干净，放到开水中3~5分钟，沥水后包装，要求无多余脂肪、粪污及其他污物。

二十一、腰油

本品为包裹在牛肾表面的大块脂肪，要求修净血污、粪污及其他污物。

二十二、肠油

本品为包裹在牛肠道周围的脂肪，要求冲洗干净，修净粪污及其他污物。整形后速冻。

二十三、膀胱

本产品为牛储存尿液器官，在牛的腹腔内，要求清洗干净后，放于开水中 3~5 分钟，沥水后包装，要求无粪污及其他污物。

二十四、舌根肉

本品为牛舌根部修下的碎肉。要求无血污及其他污物。整形后速冻。

二十五、网油

本品为包裹在牛白脏外围网状脂肪，要求无粪污及其他污物，浸泡后，沥水，包装。整形后速冻。

二十六、牛大肠

本品为牛的大肠，从肠油中分离大肠，用水冲洗，冲干净肠道里的粪便，后用剪子剪开大肠，浸泡，后把大肠放到开水中 1~3 分钟，沥水后包装，速冻，要求大肠内无粪便及多余脂肪。

二十七、杂油

牛红脏，腹腔内壁，及其他部位修下的脂肪，要求无血污、淋巴及其他污物。

第十二章　肉牛规模化生态养殖场的经营管理

第一节　肉牛规模化生态养殖的生产管理

一、生产计划及规章制度建立

(一) 制订及执行生产计划

1. 计划的基本要求

(1) 预见性。这是计划最明显的特点之一。计划不是对已经形成的事实和状况的描述，而是在行动之前对行动的任务、目标、方法、措施所作出的预见性确认。但这种预想不是盲目的、空想的，而是以上级部门的规定和指示为指导，以本单位的实际条件为基础，以过去的成绩和问题为依据，对今后的发展趋势作出的科学预测。可以说，预见是否准确，决定了计划的成败。

(2) 针对性。计划，一是根据党和国家的方针政策、上级部门的工作安排和指示精神而定，二是针对本单位的工作任务、主客观条件和相应能力而定。总之，从实际出发制订出来的计划，才是有意义、有价值的计划。

(3) 可行性。可行性是和预见性、针对性紧密联系在一起的，预见准确、针对性强的计划，在现实中才真正可行。如果目标定得过高、措施无力实施，这个计划就是空中楼阁；反过来说，目标定得过低，措施方法都没有创见性，实现虽然很容易，并不能因而取得有价值的成就，那也算不上有可行性。

（4）约束性。计划一经通过、批准或认定，在其所指向的范围内就具有了约束作用，在这一范围内无论是集体还是个人，都必须按计划的内容开展工作和活动，不得违背和拖延。

2. 计划的基本类型 按照不同的分类标准，计划可分为多种类型。按其所指向的工作、活动的领域来分，可分为工作计划、生产计划、销售计划、采购计划、分配计划、财务计划等。按适用范围的大小不同，可分为单位计划、班组计划等。按适用时间的长短不同，可分为长期计划、中期计划、短期计划三类，具体还可以称为十年计划、五年计划、年度计划、季度计划、月度计划等。

3. 肉牛养殖企业计划体系的内容

（1）肉牛数量增殖指标。

（2）肉牛生产质量指标。

（3）牛产品指标。

（4）产品销售指标。

（5）综合性指标。

4. 牛群配种产犊计划 牛群配种产犊计划是肉牛规模化养殖企业的核心计划，是制订牛群周转计划、饲料供给计划、生态资源利用计划、资金周转计划、产品销售计划、生产计划和卫生防疫计划的基础和依据。

犊计划主要表明计划期内不同时间段内参加配种的母牛头数和产犊头数，力求做到计划品种和生产。产犊配种计划是最常用的年度计划。

编制年度配种产犊计划需要掌握的资料是牛场本年度母牛的分娩和配种记录、牛场育成母牛出生日期记录、计划年度内预计淘汰的成年母牛和育成母牛的数量和预计淘汰时间、牛场配种产犊类型、饲养管理条件、牛群的繁殖性能以及健康状况等。

5. 牛群周转计划编制   编制牛群周转计划是编好其他各项计划的基础，它是以生产任务、远景规划和配种分娩初步计划作为主要根据而编制的。由于牛群在一年内有繁殖、购入、转组、淘汰、出售、死亡等情况，因此，头数经常发生变化，编制计划的任务是使头数的增减变化与年终结存头数保持着牛群合理的组成结构，以便有计划地进行生产。例如，合理安排饲料生产，合理使用劳动力、机械力和牛舍设备等，防止生产中出现混乱现象，杜绝一切浪费。

6. 饲料计划编制   为了使养牛生产在可靠的基础上发展，每个牛场都要制订饲料计划。编制饲料计划时，先要有牛群周转计划（标定时期、各类牛的饲养头数）、各类牛群饲料定额等资料，按照牛的生产计划定出每个月饲养牛的头数 X 每头日消耗的草料数，再增加 5% ~ 10% 的损耗量，求得每个月的草料需求量，各月累加获得年总需求量。即为全年该种饲料的总需要量。

各种饲料的年需要量得出后，根据本场饲料自给程度和来源，按各月份条件决定本场饲草料生产（种植）计划及外购计划，即可安排饲料种植计划和供应计划。

（二）肉牛场的主要规章制度

建立健全规章制度，目的是充分调动职工的工作积极性，做到奖惩"有章可循"，便于量化管理。

1. 考勤制度   由班组负责。迟到、早退、旷工、休假等作为发放工资、奖金以及评优的依据。

2. 劳动纪律   凡影响安全生产和产品质量的一切行为，都应制定出详细的奖惩办法。

3. 防疫及医疗保健制度   建立健全牛场日常防疫卫生消毒制度，包括牛场消毒方法、频率；牛的疾病免疫、防疫种类、方法和程序。对全场职工定期进行职业病重点是布鲁氏菌病和结核病的检查。

4. 学习制度　定期组织干部职工进行经验交流或外出学习，不断提高职工思想和技术水平。

5. 饲养管理制度　根据牛场实际，对养牛生产的各个环节提出基本要求，制定简明的养牛生产技术操作规程。在制订操作规程时，既要吸收工人的工作经验，更要坚持以科学理论为依据。饲养管理制度是各项制度的核心。

二、档案建立与管理

（一）肉牛档案建立

建立肉牛档案，便于对牛群的动态管理，掌控肉牛增重、饲料摄取量、饲料转化率等，预测肉牛饲养成本和育肥效果。

一般肉牛养殖场可采用计算机 Excel 表建立肉牛养殖档案，简便易操作；高层次肉牛档案管理，如实现产品溯源，就需要采用专门软件管理系统。

（二）肉牛档案管理

我国牛肉质量安全可追溯系统的管理权在农业农村部。所有的耳标制造厂商必须经过国家行业主管部门农业部的注册登记，才允许供市场选用。由国家指定机构建立全国肉牛数据库管理中心（NBCDMC）和各省（自治区、直辖市）肉牛数据管理中心，并由各省（自治区、直辖市）肉牛数据管理中心核发打印本省初生犊牛的身份证。各省（自治区、直辖市）肉牛数据管理中心由省（自治区、直辖市）畜牧厅（局）直接管理或委托相关专业公司管理。农业农村部对全国肉牛屠宰场实行统一注册编码管理。编码原则符合 EAN·UCC 全球统一标识系统。

第二节　肉牛规模化生态养殖的经济核算

经济核算是对企业进行管理的重要方法，它通过记账、算账对生产过程中的劳动消耗和劳动成果进行分析、对比和考核，以求提高经济效益。经济核算有利于肉牛企业提高管理水平；有利于宏观调控和加强计划管理；有利于企业运用和学习科学技术；可以防止和打击经济领域的各种违法犯罪活动，维护财经纪律和财务制度。

一、肉牛场经营的主要成本

肉牛养殖场经营的主要成本包括场舍及附属设施建设投资、养牛设备投资、购牛成本、饲料及人工费用等。

（一）场舍及附属设施建设投资

场舍结构不同，投资差别较大。建设地区不同，相同建筑成本差别也会很大。场舍及附属设施建设应以经济、坚固、实用为原则。

气候适宜的地区或季节，可建简易钢架结构开敞式棚舍，或用木头或竹竿搭建简易结构牛棚，建筑成本最低可控制在 100 元/米^2 以内；而一般封闭式牛舍，每平方米建筑成本为 300~500 元。

牛场附属设施投资主要为青贮池的建设。地上式砖墙结构，墙要适度加厚（一般达到 50 厘米），以承受足够的侧压力；为保证足够牢固，可在墙底、墙顶增加圈梁；如为水泥、钢筋预制结构，墙体可稍薄（如 36 厘米），但成本价仍比砖墙结构高。地下式青贮池建筑成本低，但不实用。不管哪种结构，青贮池建筑容积越大，单位容积均摊建筑成本越低。

根据需要，规模化牛场往往需要设置地磅，5 吨规格地磅价格一般在 3 000 元左右。

（二） 养牛设备投资

根据机械化程度不同，选择养牛设备不同。肉牛养殖场常用大型机械设备有 TMR（全混合日粮）机、铡草机、拖拉机和农用三轮车等，小型设备有饮水器（碗）和小推车等。

各种机械设备的价格随其规格、功率不同有较大差异。牛场可根据实际进行选择。

（三） 购牛成本

购牛成本是肉牛易地育肥时的最大资金支出，约占养牛总投资额的 80%，其余 20% 为饲养费用。牛的价格与品种、年龄、体重和性别等很多因素有关。

收购牛的成本不仅只是牛的价格，还应包括手续费、检疫费、运输费用、运输掉重损失及途中意外损失和银行利息等。购牛前要进行估算，并通过与育肥过程中的费用作比较，确定购买 1 头牛或每千克活重的合理价格，以保证牛的育肥能获得理想的效益。

（四） 饲料费用

包括精料、粗料及添加剂饲料的费用。在牛的饲养费用中，饲料费用约占总饲养成本的 80%。购牛成本确定的前提下，设法减少饲料费用，才能使养牛达到最大限度盈利。

（五） 人员工资、杂项开支

约占饲养费用的 14%。杂项开支包括水电费、招待费等。按照一般劳动强度，每个饲养员可负责 50～70 头育肥牛的饲养管理任务。

（六） 其他费用

如银行利息等，约占饲养总成本的 6%。

二、肉牛场的主要经营收入来源

肉牛养殖场的经营收入来源主要有两个部分：一是育肥增重；二是牛粪尿销售。繁殖牛场还包括新增犊牛带来的收入。

育肥增重产生的效益多少，不仅与增重速度、效率有关，更与活牛或牛肉销售的价格有关。一般牛粪的每立方米市场售价为 30~50 元。

三、肉牛场的盈亏分析

简单的理解，肉牛场的盈或亏＝总收入－总支出。只有总收入超过总支出，牛场方能获得盈利。

（一）总支出部分

包括固定资产折旧、购牛费用、饲料费用、人工费用、维修费、燃料费、水电费、培训费、医药费等。

固定资产折旧计算方法：牛舍、库房、饲料加工间、办公室、宿舍等，砖木结构折旧年限一般为 20 年，土木结构一般为 10 年。各牛场可根据当地折旧有关规定处理；饲料生产、加工机械，通常折旧年限为 10 年；拖拉机、汽车折旧年限为 15 年。

饲料费用包括牛群消耗的各种饲料。上年库存的饲料折款列入当年的开支；年底库存结余的饲料应折款列入下年度开支；饲料库存之差列入开支或收入。

生产人员和管理人员的工资、奖金及福利待遇按年实际支出计算。

（二）总收入部分

包括全年出售商品牛的收入、淘汰牛的收入、肥料的收入及牛只盘点总数折价减去上年盘点总数的折价（即增值收入），可能还有国家、地方政府扶持的部分资金收入等。

（三）　总收益部分

全年的总收入减去全年的总支出即为全年的总收益。

参考文献

付茂忠. 2018. 科学养殖肉牛[M]. 成都：四川科学技术
出版社.

刘国光. 2018. 肉牛标准化养殖操作手册[M]. 长沙：湖
南科学技术出版社.

王之盛，万发春. 2018. 肉牛标准化规模养殖图册[M].
北京：中国农业出版社.

杨泽霖. 2018. 肉牛饲养管理与疾病防治[M]. 北京：中
国科学技术出版社.

左福元. 2018. 高效健康养肉牛全程实操图解[M]. 北京：
中国农业出版社.